中等卫生职业教育创新教材

供中等职业教育护理、药剂、中医、医学检验技术、康复技术、口腔修复工艺、医学影像技术等专业使用

生物化学基础

（第3版）

主　编　晁相蓉

副主编　柳晓燕　唐英辉　陈　旭

编　委　（按姓氏汉语拼音排序）

晁相蓉　山东医学高等专科学校（济南）
陈　旭　沈阳市中医药学校
樊志强　本溪市化学工业学校
李　婕　桂东卫生学校
李宇周　秦皇岛市卫生学校
刘　丽　太原市卫生学校
刘慧灵　长治卫生学校
柳晓燕　淮南卫生学校
唐英辉　连州卫生学校
杨秀玲　通化市卫生学校
张　健　大连铁路卫生学校

科学出版社

北　京

内 容 简 介

本教材是中等卫生职业教育创新教材，主要内容包含五大模块：生物分子的结构与功能（蛋白质的结构与功能、核酸的结构与功能、酶、维生素）；物质代谢与能量转换（生物氧化、糖代谢、脂质代谢、蛋白质的分解代谢、核苷酸代谢）；基因信息传递（DNA 的生物合成、RNA 的生物合成、蛋白质的生物合成）；医学生化部分（肝脏的生物化学、水和电解质的代谢、酸碱平衡）；实验模块（包含了基本的实验操作和 4 个生物化学经典实验）等。本教材设有链接、案例、考点、医者仁心和自测题等模块。

本教材适用于中等职业教育护理、药剂、中医、医学检验技术、康复技术、口腔修复工艺、医学影像技术等专业。

图书在版编目（CIP）数据

生物化学基础 / 晁相蓉主编 . —3 版 . —北京：科学出版社，2022.1
中等卫生职业教育创新教材
ISBN 978-7-03-070478-8

Ⅰ. 生… Ⅱ. 晁… Ⅲ. 生物化学 - 中等专业学校 - 教材 Ⅳ. Q5

中国版本图书馆 CIP 数据核字（2021）第 226034 号

责任编辑：段婷婷 / 责任校对：杨 赛
责任印制：赵 博 / 封面设计：涿州锦晖

科学出版社 出版
北京东黄城根北街16号
邮政编码:100717
http://www.sciencep.com
天津市新科印刷有限公司印刷
科学出版社发行 各地新华书店经销
*
2011年 2 月第 一 版 开本：850×1168 1/16
2022年 1 月第 三 版 印张：9 1/2
2025年 3 月第十四次印刷 字数：218 000

定价：38.00元

（如有印装质量问题，我社负责调换）

前　言

党的二十大报告指出“人民健康是民族昌盛和国家强盛的重要标志。把保障人民健康放在优先发展的战略位置，完善人民健康促进政策。”贯彻落实党的二十大决策部署，积极推动健康事业发展，离不开人才队伍建设。“培养造就大批德才兼备的高素质人才，是国家和民族长远发展大计。”教材是教学内容的重要载体，是教学的重要依据、培养人才的重要保障。本次教材修订旨在贯彻党的二十大报告精神，坚持为党育人、为国育才。

为了进一步适应卫生职业教育教学的发展趋势，体现“以就业为导向，以能力为本位，以发展技能为核心”的职业教育培养理念，编写组专家按出版社要求组织了《生物化学基础》的修订编写工作。

本教材沿袭了前版教材简洁、实用的特点，保留了链接、案例、考点、自测题等优质模块。且紧跟时代步伐，思政进课堂，增设了“医者仁心”模块。在章节组织方式、编排顺序、内容等方面做了部分修订，旨在使课程内容更符合学习的一般规律，使“学生更易学、爱学，教师易教”。

本教材主要内容包含五大模块：生物分子的结构与功能（蛋白质的结构与功能、核酸的结构与功能、酶、维生素）；物质代谢与能量转换（生物氧化、糖代谢、脂质代谢、蛋白质的分解代谢、核苷酸代谢）；基因信息传递（DNA 的生物合成、RNA 的生物合成，蛋白质的生物合成）；医学生化部分（肝脏的生物化学、水和电解质的代谢、酸碱平衡）、实验模块（包含了基本的实验操作和 4 个生物化学经典实验）等。本教材还包含了数字化课程，可以通过扫二维码的形式查看每章的 PPT 课件、动画等内容。

考虑到学生化学基础较弱，因此，在代谢生化部分，我们对糖和脂质化合物的概念及分类做了更详细的介绍，而且针对其消化、吸收等知识点也较前增加了篇幅。

在此次编写过程中，为保证出书质量，各位编者及编辑倾力合作，精益求精，在此向他们表示衷心的感谢！由于编者水平有限，教材中若有疏漏和失误，请使用本教材的各位专家、广大师生和读者不吝批评指正。

编　者

2023 年 8 月

配套资源

欢迎登录“中科云教育”平台，**免费**数字化课程等你来！

本教材配有图片、视频、音频、动画、题库、PPT 课件等数字化资源，持续更新，欢迎选用！

“中科云教育”平台数字化课程登录路径

电脑端

- 第一步：打开网址 http://www.coursegate.cn/short/L8RAN.action
- 第二步：注册、登录
- 第三步：点击上方导航栏“课程”，在右侧搜索栏搜索对应课程，开始学习

手机端

- 第一步：打开微信“扫一扫”，扫描下方二维码

- 第二步：注册、登录
- 第三步：用微信扫描上方二维码，进入课程，开始学习

PPT 课件：请在数字化课程各章节里下载！

目　　录

绪　论

生物化学（biochemistry）是研究生物体内物质的结构、功能及生命过程中化学变化规律的一门学科，也称生命的化学（chemistry of life）。

一、生物化学的发展简史

生物化学的研究起源于18世纪中叶，但直到20世纪初才作为一门独立学科发展起来，1903年，德国化学家卡尔·纽伯格（Carl Neuberg）使用biochemistry一词，使生物化学正式成为一门独立的学科。近60年是生物化学飞速发展的重要时期，取得了许多重大突破，生物化学成为了生命科学领域的前沿学科，也被称为生命学科的“世界语”。

现代生物化学的发展分为三个阶段：静态生物化学阶段、动态生物化学阶段和分子生物学阶段。

（一）静态生物化学阶段

从1770年到1900年，此阶段以研究各种生物体的化学成分为主，研究这些化学成分的分离、组成及性质。这一阶段分离出多种氨基酸、甘油、柠檬酸、乳酸、尿酸、糖原、核酸、胰酶等，并对它们的化学结构进行了分析和测定。

（二）动态生物化学阶段

从1901年到1950年，此阶段主要研究生物活细胞内发生的各种化学变化，是生物化学蓬勃发展的阶段。这一时期分离纯化出多种酶的结晶，确定了酶的化学本质是蛋白质，搞清了糖酵解、三羧酸循环、脂肪酸的β氧化、鸟氨酸循环等途径。在这一时期，科学家们还发现了人类的必需氨基酸、维生素和多种激素等。

（三）分子生物学阶段

从20世纪50年代至今，是生物化学迅猛发展的时期，衍生了一门以蛋白质和核酸的结构及基因信息传递为主要研究内容的学科——分子生物学。

在这个阶段，一方面，对物质代谢途径的研究进一步深入，同时加强了对合成代谢及代谢调节的研究，确定合成和分解代谢的网络，揭示了蛋白质合成的途径。另一方面，分子生物学方面的研究成果日新月异。20世纪50年代，科学家们完成了胰岛素一级结构的测序，发现了蛋白质的二级结构——α螺旋。1953年，沃森（Watson）和克里克（Crick）提出DNA分子双螺旋模型学说，具有里程碑式意义，使生物化学研究进入分子生物学时代。此后，科学家们又提出了中心法则，复制、转录、翻译过程被揭示，还破译了遗传密码。1965年，在英国科学家桑格（Sanger）对胰岛素测序的基础上，我们国家首先人工合成了结晶牛胰岛素。

20世纪70年代，RNA逆转录病毒被发现，同时还发现了病毒RNA的复制，补充了中心法则。更为重要的是重组DNA技术的建立，使我们获得了许多基因工程产品，推动了医学工业和农业的发展。例如，转基因动物、基因敲除就是重组DNA技术具体应用的成果。

20世纪80年代，核酶被发现，体外扩增DNA的PCR技术被发明；1990年，人类基因组计划（HGP）正式启动。基因编辑工具的发现和使用，将给未来生物化学的研究带来新的生机。

二、生物化学的研究内容

（一）生物分子的结构和功能

生物体的化学组成纷繁复杂，除了水和无机盐，还包括糖类、脂质、蛋白质和核酸等生物分子。另外，还有游离存在的小分子有机化合物——维生素，它不参与细胞的构成。糖类、脂质、蛋白质和核酸等生物分子结构复杂，能水解成一些基本的小分子。例如，多糖水解可生成单糖，脂肪水解可产生甘油和脂肪酸，蛋白质和核酸分别水解可得到它们的基本组成单位——氨基酸和核苷酸。单糖、甘油、脂肪酸、氨基酸和核苷酸等被称为构件分子。

生物体内的物质都各自承担着多种重要的生理功能，又协调合作，共同维护生物体整体的生命活动。

（二）物质代谢及调节

物质代谢是生物体内发生的各种化学变化过程的总和，也称中间代谢。生物体不停与外界环境进行着物质交换，摄入各种营养物质及水和无机盐，在体内经过一定化学变化之后，再排出代谢废物。其中，大分子物质在消化道内各种酶的催化下，分解成相应的构件分子被生物体吸收。物质代谢的同时伴随着能量代谢。物质和能量代谢共同构成生物体的新陈代谢，这是生命体最基本的特征之一。生物体体内的代谢是在严格的调控下进行的。

（三）基因信息传递

1953年Watson和Crick提出DNA分子双螺旋模型，确定了核酸在遗传学中的地位。继而科学家们又提出了遗传信息传递的中心法则，即遗传信息遵循DNA→RNA→蛋白质的方向流动，最终得到表达。

病毒的逆转录和RNA复制过程的发现，补充并丰富了中心法则的内涵。基因表达过程的异常和疾病的产生密切相关，故基因表达的调控也成为生物化学研究的重要课题。

三、生物化学与医学各学科的关系

（一）生物化学是重要的医学基础课

生物化学是以生物学、有机化学、分析化学等为基础的一门学科，同时，它又是医学生学习微生物学、免疫学、生理学、病理生理学、药理学、药物化学、临床医学概要、内科学、外科学、生物化学检验等课程的基础。生物化学还和遗传学、细胞生物学有着千丝万缕的关系。因此，生物化学是重要的桥梁课，沟通基础和临床，是医学各专业学生学好其他专业课程的必经之路。

（二）生物化学的发展也将推动医学各学科的发展

生物化学的发展也推动了医学各学科的发展，越来越多的生物化学理论和技术被应用于临床疾病的预防、诊断、治疗。各种疾病的发病机制不断被阐明，如各种代谢紊乱病、基因缺陷病、维生素缺乏症等；体液中各种成分的测定为临床诊断提供了越来越可靠的依据。另外，随着生物化学和分子生物学的迅猛发展，基因诊断和基因治疗成为可能，间接推动了临床各学科疾病诊断和治疗技术的发展。人们关注的心脑血管疾病、恶性肿瘤、免疫性疾病、代谢疾病、神经系统疾病及遗传病等的诊断和治疗，都有望随着分子生物学技术的进步而产生新的突破。

自测题

一、名词解释

1. 生物化学　2. 生物分子

二、简答题

1. 生物化学的发展主要分为哪几个阶段?
2. 医学生物化学的研究内容主要有哪几方面?

（晁相蓉）

第 1 章
蛋白质的结构与功能

蛋白质（protein）是由氨基酸通过肽键相连所形成的生物大分子。其结构复杂，功能多样。蛋白质在体内含量丰富，约占人体固体成分的 45%，细胞中的蛋白质可达其干重的 70%，种类可达数万种。蛋白质不仅是生物体组织和细胞的重要组成成分，还具有催化、代谢调节、物质运输、运动、免疫、凝血和抗凝血等功能。除此之外，蛋白质还能氧化供能。没有蛋白质就不可能有生命。

根据形状不同，蛋白质可分为球状蛋白与纤维状蛋白两类；根据化学组成不同，蛋白质分为单纯蛋白质和结合蛋白质两类。

第 1 节　蛋白质的分子组成

案例 1-1

目前我国奶制品质量检验中，蛋白质含量的检测是通过测得奶制品中的氮元素含量，间接换算得出的。2008 年，某品牌奶制品爆出“三聚氰胺事件”，引起轰动，导致该品牌从大众视线消失。

已知三聚氰胺结构式为

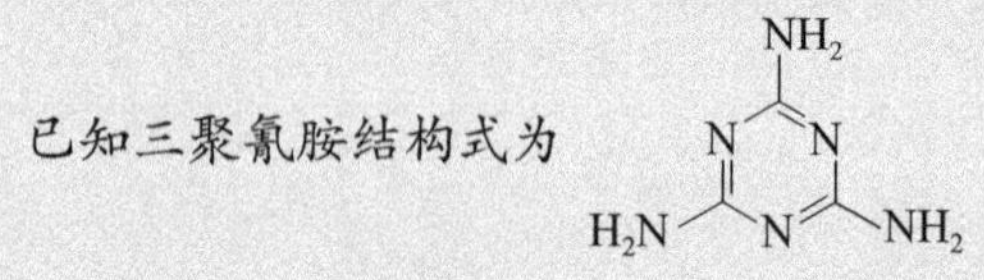

问题：商家为什么要在奶粉中添加三聚氰胺？

一、蛋白质的元素组成

蛋白质的种类繁多，结构各异，但组成蛋白质的元素相似，构成蛋白质分子主要元素有碳、氢、氧、氮，有些蛋白质还含有硫或少量的磷、铁、铜、锌、锰、钴、钼、碘等元素。各种蛋白质含氮量很接近，占 13% ～ 19%，平均为 16%，这是蛋白质元素组成的特点。1g 氮大约相当于 6.25g（100/16）蛋白质，故 6.25被称为蛋白质系数。生物组织中的氮元素绝大部分存在于蛋白质分子中，因此只要测出样品中的含氮量，就可以计算出样品中蛋白质的大约含量。公式如下：

每克样品中蛋白质的含量（g）= 每克样品含氮量（g）×6.25

考点 蛋白质元素组成特点

二、蛋白质的基本组成单位

用酸、碱或酶可使蛋白质彻底水解，得到的水解终产物是氨基酸，因此组成蛋白质分子的基本单位是氨基酸。自然界中的氨基酸有 300 多种，但是构成人体蛋白质的氨基酸仅有 20 种，并且它们都有相应的遗传密码，故称为编码氨基酸。

（一）氨基酸的结构特点

每种氨基酸分子中心都有一个碳原子称为 α- 碳原子，分别连接一个碱性的氨基（—NH_2）、一个酸性的羧基（—COOH）、一个氢原子（H）和一个侧链基团（R）。不同的氨基酸其侧链基团不同。氨基酸的结构通式如图 1-1 所示。

图 1-1　氨基酸的结构通式

从结构上看，20 种氨基酸除脯氨酸外，至少一个氨基和一个羧基均连在 α- 碳原子上，称为 α- 氨基酸，脯氨酸为 α- 亚氨基酸。除甘氨酸外，其他氨基酸的 α- 碳原子都是手性碳原子即不对称碳原子，上面连有 4 个不同的化学基团，因此每种氨基酸有 L- 型和 D- 型两种立体异构体。甘氨酸分子中有两个相同的氢原子，其 α-C 原子不是手性碳原子，无 D、L 型之分，其余均为 L-α- 氨基酸。

（二）氨基酸的分类

20 种氨基酸根据其侧链的结构和理化性质可分为 5 类，分别是：①非极性脂肪族氨基酸，包括甘氨酸、丙氨酸、缬氨酸、亮氨酸、异亮氨酸、甲硫氨酸和脯氨酸，共 7 种；②极性中性侧链氨基酸，包括丝氨酸、苏氨酸、天冬酰胺、谷氨酰胺和半胱氨酸，共 5 种；③酸性侧链氨基酸，包括天冬氨酸和谷氨酸，共 2 种；④碱性侧链氨基酸，包括赖氨酸、精氨酸和组氨酸，共 3 种；⑤芳香族氨基酸，包括苯丙氨酸、酪氨酸和色氨酸，共 3 种（表 1-1）。

表 1-1　20 种氨基酸名称及分类

氨基酸名称	简写	结构式	等电点（pI）
1. 非极性脂肪族氨基酸			
甘氨酸	甘，Gly，G	$H-CH-COOH$ NH_2	5.97
丙氨酸	丙，Ala，A	$CH_3-CH-COOH$ NH_2	6.02
缬氨酸	缬，Val，V	$CH_3-CH-CH-COOH$ $CH_3\quad NH_2$	5.96
亮氨酸	亮，Leu，L	$CH_3-CH-CH_2-CH-COOH$ $CH_3\qquad NH_2$	5.98
异亮氨酸	异，Ile，I	$CH_3-CH_2-CH-CH-COOH$ $CH_3\quad NH_2$	6.02

续表

氨基酸名称	简写	结构式	等电点（pI）
脯氨酸	脯，Pro，P	CH_2—CHCOOH；CH_2；NH；CH_2（环状）	6.48
甲硫氨酸（蛋氨酸）	蛋，Met，M	$CH_3-S-CH_2-CH_2-CH(NH_2)-COOH$	5.75
2. 极性中性侧链氨基酸			
丝氨酸	丝，Ser，S	$HO-CH_2-CH(NH_2)-COOH$	5.68
苏氨酸	苏，Thr，T	$CH_3-CH(OH)-CH(NH_2)-COOH$	5.87
半胱氨酸	半，Cys，C	$HS-CH_2-CH(NH_2)-COOH$	5.07
天冬酰胺	天 -NH_2，Asn，N	$H_2N-C(=O)-CH_2-CH(NH_2)-COOH$	5.41
谷氨酰胺	谷 -NH_2，Gln，Q	$H_2N-C(=O)-CH_2-CH_2-CH(NH_2)-COOH$	5.65
3. 酸性侧链氨基酸			
天冬氨酸	天，Asp，D	$HOOC-CH_2-CH(NH_2)-COOH$	2.77
谷氨酸	谷，Glu，E	$HOOC-CH_2-CH_2-CH(NH_2)-COOH$	3.22
4. 碱性侧链氨基酸			
赖氨酸	赖，Lys，K	$H_2N-CH_2-CH_2-CH_2-CH_2-CH(NH_2)-COOH$	9.74
精氨酸	精，Arg，R	$H_2N-C(=NH)-NH-CH_2-CH_2-CH_2-CH(NH_2)-COOH$	10.76
组氨酸	组，His，H	咪唑环（N、NH）$-CH_2-CH(NH_2)-COOH$	7.59
5. 芳香族氨基酸			
苯丙氨酸	苯，Phe，F	苯环$-CH_2-CH(NH_2)-COOH$	5.48
酪氨酸	酪，Tyr，Y	HO—苯环$-CH_2-CH(NH_2)-COOH$	5.66
色氨酸	色，Trp，W	吲哚环（N—H）$-CH_2-CH(NH_2)-COOH$	5.89

除以上 20 种基本的氨基酸外，近年发现的两种氨基酸——硒代半胱氨酸和吡咯赖氨酸在某些情况下也可参与蛋白质合成。

考点 氨基酸的种类、结构特点及分类

（三）氨基酸的连接方式

1. 肽键　一个氨基酸的 α- 羧基与另一个氨基酸的 α- 氨基脱水缩合所形成的酰胺键称为肽键，如图 1-2 所示。

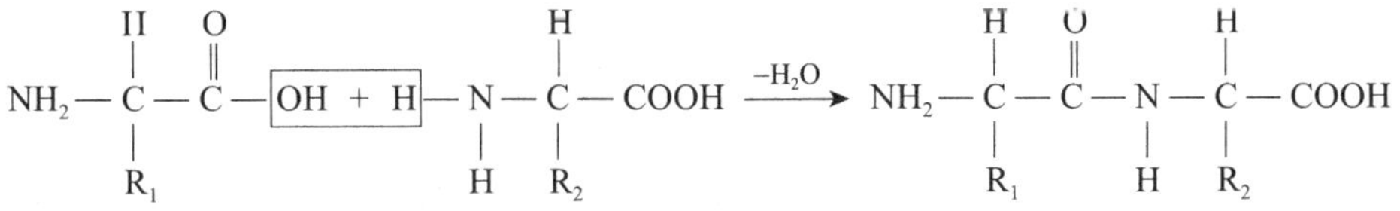

$$NH_2-\underset{R_1}{\overset{H}{C}}-\overset{O}{\overset{\|}{C}}-\boxed{OH\ +\ H}-\underset{H}{N}-\underset{R_2}{\overset{H}{C}}-COOH \xrightarrow{-H_2O} NH_2-\underset{R_1}{\overset{H}{C}}-\overset{O}{\overset{\|}{C}}-\underset{H}{N}-\underset{R_2}{\overset{H}{C}}-COOH$$

图 1-2　肽键的形成

2. 肽　氨基酸通过肽键连接而成的化合物称为肽。由两个氨基酸分子缩合而成的化合物称二肽，由 3 个氨基酸缩合而成的化合物称三肽，以此类推。通常将 2 ～ 20 个氨基酸缩合形成的肽称为寡肽，20 个以上氨基酸缩合形成的肽称为多肽。

多肽链中的每个氨基酸经过脱羧基和脱氨基后已不完整，称为氨基酸残基。多肽链有两个游离的末端，一端有游离的氨基，称为氨基末端或 N 端；另一端有游离的羧基称为羧基末端或 C 端。氨基酸的顺序是从 N 端的氨基酸残基开始，以 C 端氨基酸残基为终点的排列顺序。

考点 肽与肽键的概念

3. 生物活性肽　体内有多种具有生物活性的肽类化合物，如谷胱甘肽（GSH）是由谷氨酸、半胱氨酸和甘氨酸组成的三肽。GSH 的巯基具有还原性，可作为体内重要的还原剂，保护体内的蛋白质或酶分子中巯基免遭氧化，使蛋白质或酶处在活性状态。体内有许多激素属寡肽或多肽，如加压素（九肽）、催产素（九肽）、促肾上腺皮质激素（三十九肽）等。

第 2 节　蛋白质的分子结构

蛋白质的分子结构可分为一级、二级、三级和四级结构。一级结构又称基本结构，二级、三级、四级结构统称为空间结构或构象，也称高级结构。

一、蛋白质的一级结构

蛋白质多肽链从 N 端至 C 端氨基酸排列顺序称为蛋白质的一级结构。

蛋白质的一级结构是蛋白质空间构象和特异生物学功能的基础。一级结构中的主要化学键是肽键，此外，还有二硫键。牛胰岛素是第一个被测定一级结构的蛋白质分子。在牛胰岛素的一级结构中，胰岛素有 A 和 B 两条多肽链。A 链有 21 个氨基酸残基，B 链有 30 个氨基酸残基。牛胰岛素分子中有 3 个二硫键，1 个位于 A 链内，称为链内二硫键。另两个二硫键位于 A、B 两链间，称为链间二硫键（图 1-3）。

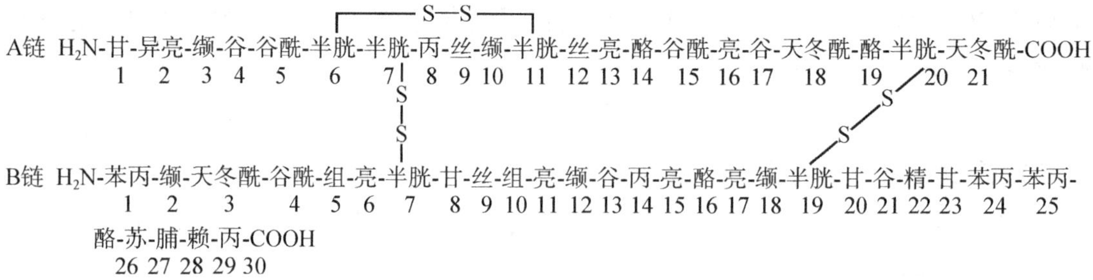

S—S

A链 H_2N-甘-异亮-缬-谷-谷酰-半胱-半胱-丙-丝-缬-半胱-丝-亮-酪-谷酰-亮-谷-天冬酰-酪-半胱-天冬酰-COOH
1 2 3 4 5 6 7 8 9 10 11 12 13 14 15 16 17 18 19 20 21

S S

S S

B链 H_2N-苯丙-缬-天冬酰-谷酰-组-亮-半胱-甘-丝-组-亮-缬-谷-丙-亮-酪-亮-缬-半胱-甘-谷-精-甘-苯丙-苯丙-
1 2 3 4 5 6 7 8 9 10 11 12 13 14 15 16 17 18 19 20 21 22 23 24 25

酪-苏-脯-赖-丙-COOH
26 27 28 29 30

图 1-3 牛胰岛素的一级结构

二、蛋白质的空间结构

蛋白质的多肽链折叠、盘曲所形成一定的空间排布，称为蛋白质的空间结构，也称为构象。包括二级结构、三级结构和四级结构。

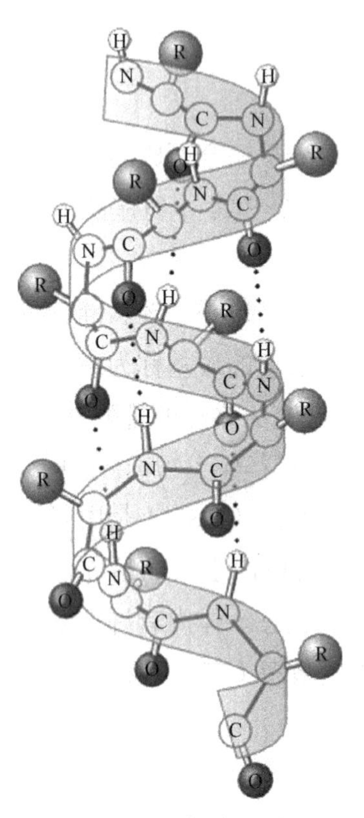

图 1-4 *α* 螺旋结构

（一）蛋白质的二级结构

二级结构是指蛋白质分子中某一段肽链的局部空间结构，即该段肽链主链沿长轴方向盘曲折叠所形成的有规律的、重复出现的空间结构。二级结构不涉及氨基酸残基侧链的构象。*α* 螺旋、*β* 折叠是蛋白质二级结构的最常见的两种形式，*β* 转角和无规则卷曲是二级结构的另外两种形式。维持二级结构稳定的主要化学键是氢键。

1. *α* 螺旋 是由多肽链主链围绕中心轴所形成的右手螺旋，每圈螺旋约含 3.6 个氨基酸残基，螺距为 0.54nm。每个肽键的亚氨基氢（N—H）与第四个肽键的羰基氧（C═O）在螺旋中相互靠近形成链内氢键，维系 *α* 螺旋结构的稳定（图 1-4）。

2. *β* 折叠 又称 *β* 片层，是多肽链折叠成锯齿状而形成的一种相当伸展的结构。肽链多可顺向平行排列或逆向平行排列。氢键维持 *β* 折叠结构的稳定（图 1-5）。

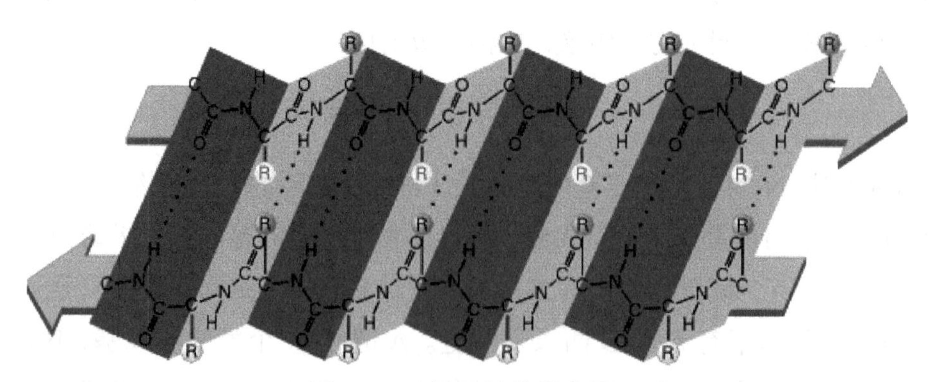

图 1-5 *β* 折叠结构示意图

3. *β* 转角 常发生于肽链进行 180º 回折时，通常由 4 个氨基酸残基组成（图 1-6），其第一个残基的羰基氧（O）与第四个残基的氨基氢（H）可形成氢键以维系 β 转角结构的稳定。

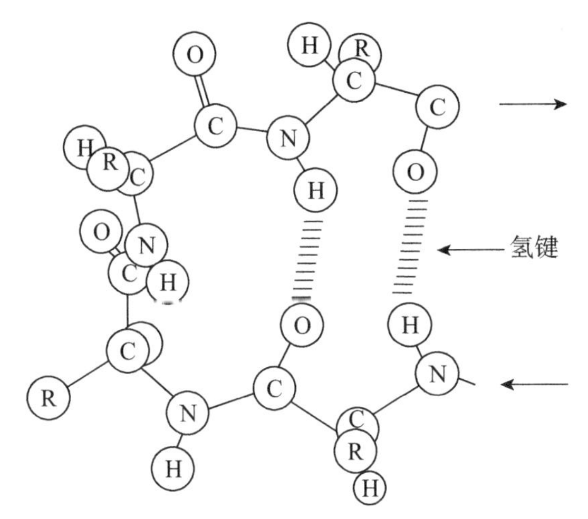

图 1-6　β 转角结构示意图

4. 无规则卷曲　是用来描述多肽链中没有确定折叠规律的结构。

在同一蛋白质分子内，可能只有一种二级结构形式，也可能多种形式并存。

考点 蛋白质二级结构形式及作用力

（二）蛋白质的三级结构

在二级结构的基础上，多肽链进一步折叠、盘曲所形成的空间结构称为蛋白质的三级结构。三级结构包含了多肽链中所有原子空间的排布。维系三级结构稳定的主要作用力是 R 基团之间形成的各种次级键，包括氢键、离子键（盐键）、疏水键、范德瓦耳斯力等（图 1-7）。疏水键是维持三级结构稳定最主要的作用力，因此，蛋白质分子在形成三级结构时，疏水的化学基团被包裹在分子内部，而亲水基团则暴露于分子外部，使蛋白质分子成为亲水的分子。

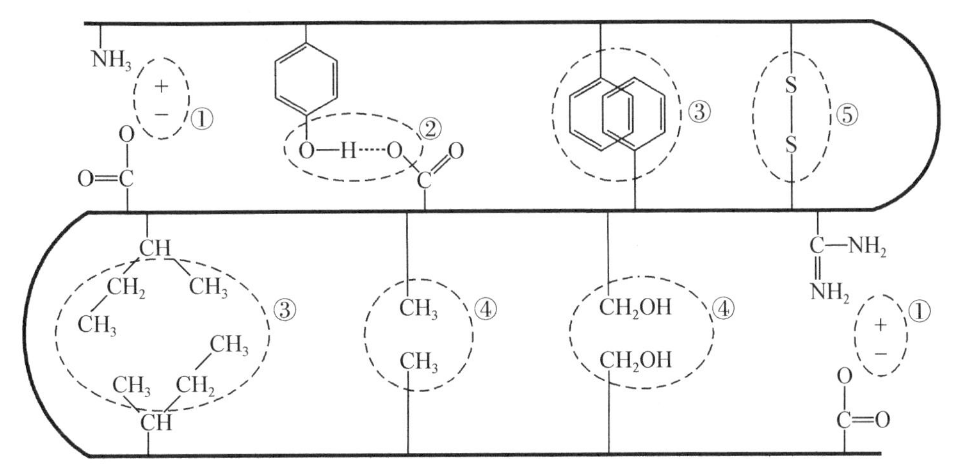

图 1-7　维持蛋白质结构稳定的化学键

①离子键；②氢键；③疏水键；④范德瓦耳斯力；⑤二硫键

只有一条多肽链的蛋白质必须具备三级结构才可以有生物学功能。例如，肌红蛋白（Mb）就是由一条多肽链构成的具有三级结构的蛋白质分子（图 1-8）。

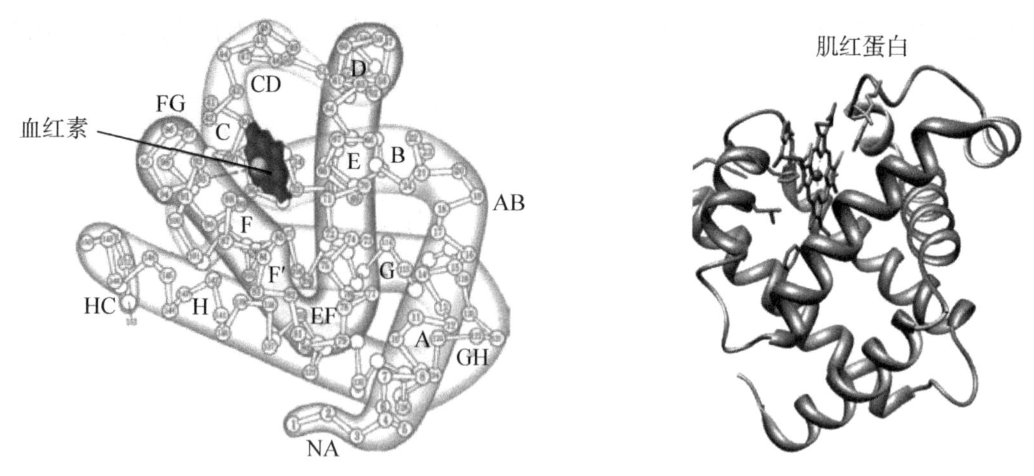

图 1-8 肌红蛋白的三级结构

（三）蛋白质的四级结构

两条或两条以上具有独立三级结构的多肽链，通过非共价键连接而形成的多聚体称为蛋白质的四级结构。维持蛋白质四级结构稳定的作用力是非共价键。

四级结构中每一条有独立三级结构的多肽链称为亚基。亚基可以相同，也可以不同。例如，血红蛋白（Hb）是由 2 个 α 亚基和 2 个 β 亚基组成的四聚体，每个亚基都可结合一个血红素辅基，具有运输氧的作用（图 1-9）。

具有四级结构的蛋白质有生物学功能，但亚基单独存在时一般没有生物学活性。

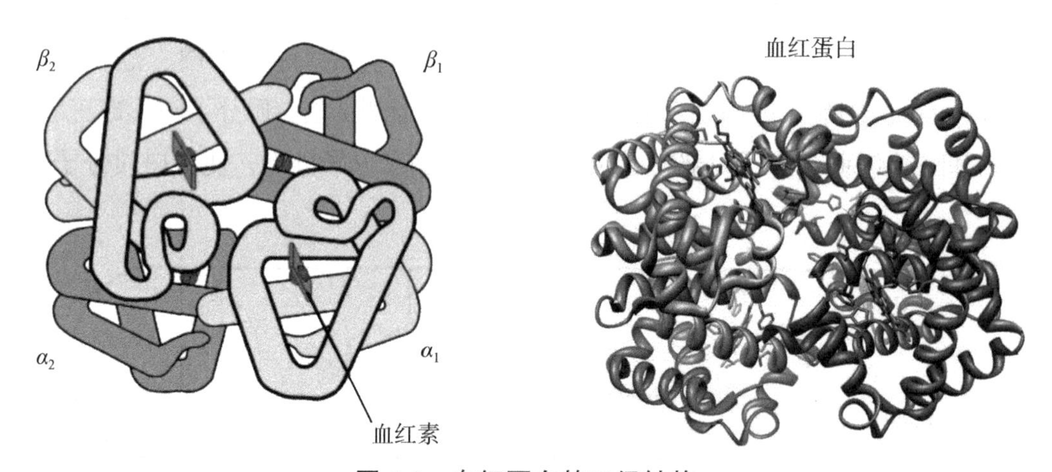

图 1-9 血红蛋白的四级结构

三、蛋白质结构与功能关系

（一）蛋白质的一级结构是高级结构与功能的基础

1. 一级结构相似的蛋白质，高级结构与功能也相似。例如，不同动物来源的胰岛素，只有个别氨基酸的差异，其功能基本相同。

2. 蛋白质一级结构中关键部位氨基酸残基改变，会导致蛋白质功能改变；非关键部位氨基酸残基变化不会影响蛋白质的功能。例如，镰状细胞贫血患者血红蛋白 β 链第 6 个氨基酸残基，由缬氨酸取代正常人的谷氨酸，仅一个氨基酸的改变，使得在缺氧时血红蛋白聚集成丝，相互黏着，导致红细胞变成镰刀状（图 1-10），与氧结合功能严重降低且极易破碎，发生贫血。

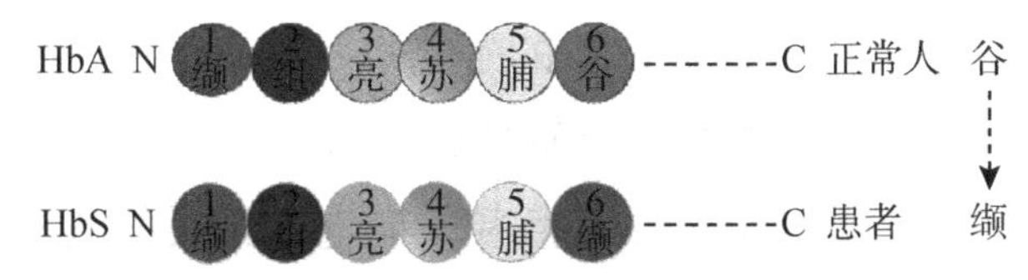

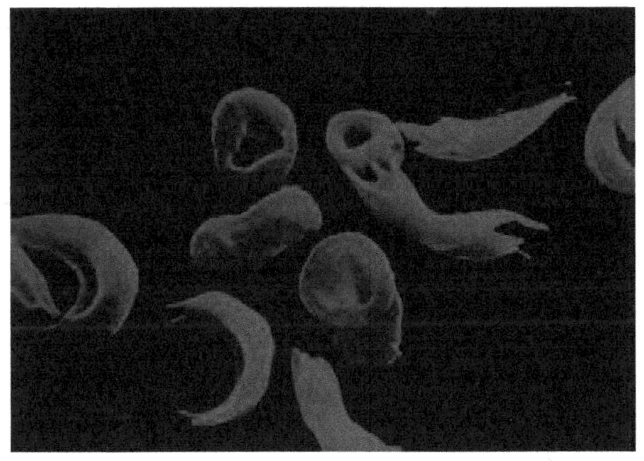

图 1-10　镰状细胞贫血患者血红蛋白一级结构改变及后果

（二）蛋白质构象改变与功能的关系

生物体内若蛋白质发生了错误盘曲折叠导致其空间构象改变，尽管其一级结构不变，但仍可影响其功能，严重时可导致病症发生，称为蛋白质构象疾病。例如，阿尔茨海默病、牛海绵状脑病（疯牛病）等。导致牛海绵状脑病的朊病毒就是由正常牛脑中的蛋白质转变而来，其蛋白质的二级结构由正常的 3 个 α 螺旋在异常条件下转变成了 β 折叠，蛋白质功能异常而致病（图 1-11）。

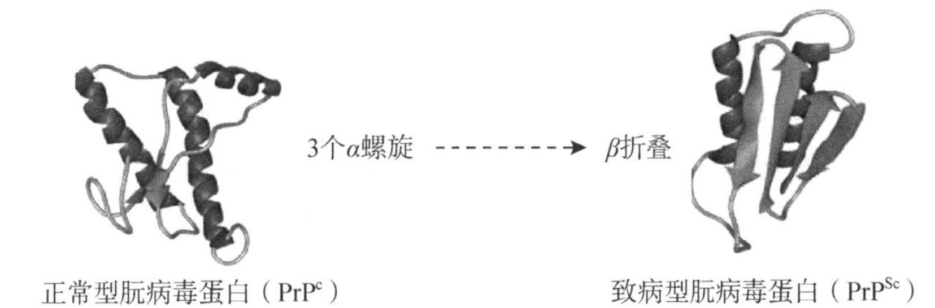

图 1-11　牛海绵状脑病的致病机制

第 3 节　蛋白质的理化性质

一、蛋白质的两性解离性质

蛋白质分子中既含有羧基等酸性基团，也含有氨基等碱性基团，在溶液中能进行两性电离。当蛋白质溶液处于某一 pH 时，蛋白质分子解离成正负离子的趋势相等，净电荷为零，呈兼性离子状态，此时溶液的 pH 称为该蛋白质的等电点（pI）。蛋白质的带电状态取决于溶液的 pH 与蛋白质 pI 的关系：pH ＞ pI，阴离子；pH ＝ pI，兼性离子；pH ＜ pI，阳离子（图 1-12）。

$$\underset{\substack{\text{阳离子}\\(\text{pH}<\text{pI})}}{R-\overset{\overset{NH_3^+}{|}}{CH}-COOH} \underset{H^+}{\overset{OH^-}{\rightleftharpoons}} \underset{\substack{\text{兼性离子}\\(\text{pH}=\text{pI})}}{R-\overset{\overset{NH_3^+}{|}}{CH}-COO^-} \underset{H^+}{\overset{OH^-}{\rightleftharpoons}} \underset{\substack{\text{阴离子}\\(\text{pH}>\text{pI})}}{R-\overset{\overset{NH_2}{|}}{CH}-COO^-}$$

图 1-12　蛋白质的阳离子、兼性离子和阴离子

体内各种蛋白质的等电点不同，但大多数接近于 pH 5.0，所以在人体体液 pH 7.4 的环境下，大多数蛋白质解离成阴离子。

电泳是电场中带点粒子向电性相反的电极定向移动的现象。在 pH 相同的溶液中，由于各种蛋白质所带电荷性质和数量不同、分子量和大小不同、形状不同等，会产生不同的泳动速度。利用这一性质可以分离、纯化蛋白质。

考点 等电点和电泳的概念、蛋白质的存在形式

二、蛋白质的胶体性质

蛋白质分子的直径在 1 ～ 100nm，为亲水胶体，不能通过半透膜。当蛋白质溶液中混杂有小分子物质时，可将此溶液放入半透膜做成的袋内，将袋子置于蒸馏水或适宜缓冲液中，小分子杂质即从袋内逸出，蛋白质留于袋内得以纯化，这种用半透膜来分离纯化蛋白质的方法称为透析。

人体的细胞膜、线粒体膜和血管壁都具有半透膜的性质，防止了血液中和细胞内的蛋白质在正常情况下被过滤到尿液中。在临床上给尿毒症患者做透析就是利用了蛋白质的胶体性质。

蛋白质胶体溶液稳定性的影响因素有两方面。①蛋白质颗粒表面的水化膜：蛋白质颗粒表面大多为亲水基团，可吸引水分子，使颗粒表面形成一层水化膜，从而阻断颗粒的相互聚集，防止溶液中蛋白质的沉淀析出。②蛋白质颗粒表面的同种电荷：在非等电点状态时，蛋白质颗粒表面带有一定量同种电荷，同种电荷互相排斥，使蛋白质颗粒不易发生碰撞而聚集沉淀（图 1-13）。

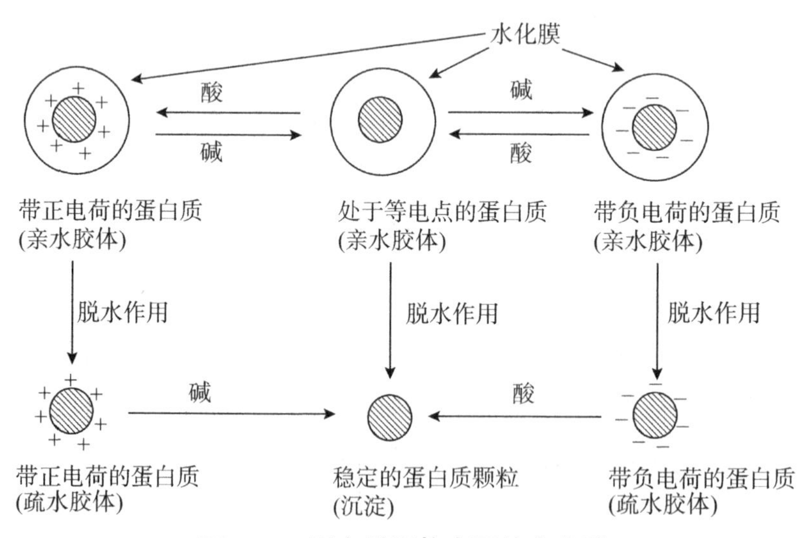

图 1-13 蛋白质颗粒表面的水化膜

若去除蛋白质胶体颗粒表面电荷和水化膜两个稳定因素，再调整溶液的 pH=pI，则蛋白质易从溶液中沉淀析出。

考点 蛋白质溶液稳定的因素

三、蛋白质的沉淀

蛋白质分子聚集从溶液中析出的现象称为蛋白质的沉淀。沉淀蛋白质的方法主要有以下几种。

1. 盐析　向蛋白质溶液中加入一定浓度的中性盐（硫酸铵、硫酸钠和氯化钠等），可破坏蛋白质的水化膜并能中和电荷，从而使蛋白质从溶液中析出的现象称为盐析。盐析法一般不引起蛋白质变性，是分离纯化蛋白质的常用方法之一。

2. 有机溶剂沉淀　乙醇、丙酮、甲醇等有机溶剂能破坏蛋白质颗粒的水化膜，同时也降低了蛋白质的电离程度使蛋白质沉淀。在pH达到等电点时效果更佳。

3. 重金属盐沉淀　蛋白质在pH＞pI的溶液中带负电荷，易与带正电荷的重金属离子如Cu^{2+}、Hg^{2+}、Ag^{2+}、Pb^{2+}等结合成不溶性的蛋白盐沉淀。临床上可利用该原理抢救重金属盐中毒的患者。给予患者大量的蛋白质液体如牛奶、蛋清以生成不溶性的蛋白质盐而减少重金属的吸收，然后利用洗胃或催吐剂将其排出体外。

4. 某些酸类沉淀　三氯乙酸、鞣酸、钨酸、苦味酸等分子中的酸根，在pH＜pI的溶液中易与蛋白质的阳离子结合而沉淀。在临床检验工作中常用于检查尿蛋白或制备无蛋白血滤液。

四、蛋白质的变性与凝固

在某些理化因素作用下，蛋白质的空间结构被破坏，从而导致其理化性质改变和生物学活性丧失的现象称为蛋白质变性作用。

能引起蛋白质变性的物理因素有加热、高压、紫外线和超声波等，化学因素有强酸、强碱、重金属盐、有机溶剂等。蛋白质变性的实质是二硫键和次级键断裂，空间结构被破坏，但其一级结构并未被破坏。蛋白质变性后，肽链呈松散状态，疏水基团显露，溶解度降低、黏度增加、易被蛋白酶水解、生物学活性丧失等。例如，酶失去了催化功能，蛋白质类激素失去了调节代谢的功能，血红蛋白失去了运输氧的能力等。

蛋白质变性作用有重要的临床应用价值，如用乙醇、紫外线、加热、高压等方法消毒灭菌，就是使病原微生物的蛋白质发生变性而失去其致病性。而制备和保存疫苗、酶、血清等生物制剂时应采用低温条件，防止蛋白质变性而失活。

考点　蛋白质的变性的概念及临床应用

五、蛋白质的紫外吸收性质

由于蛋白质分子中含有具有共轭双键的酪氨酸和色氨酸残基，因此在280nm波长处有特征性吸收峰。在该波长范围内，蛋白质的吸光度值与其浓度成正比关系，因此，常用于蛋白质的定量测定。

六、蛋白质的呈色反应

蛋白质分子可与某些化学物质反应生成有色化合物，最常用的为双缩脲反应，其原理是蛋白质等含两个以上肽键的化合物，能与双缩脲试剂（碱性硫酸铜溶液）反应生成紫红色络合物。此反应称为双缩脲反应，可用于对蛋白质进行定性与定量分析。

自 测 题

一、名词解释

1. 肽键 2. 蛋白质的一级结构 3. 蛋白质等电点 4. 蛋白质的变性

二、单项选择题

1. 测得某一蛋白质样品的氮含量为0.40g，此样品约含蛋白质多少（　　）
   A. 2.00g　B. 6.40g　C. 2.50g
   D. 3.00g　E. 6.25g
2. 维持蛋白质二级结构的主要化学键是（　　）
   A. 疏水键　B. 氢键　C. 盐键
   D. 肽键　E. 二硫键
3. 蛋白质变性是由于（　　）
   A. 氨基酸排列顺序的改变
   B. 氨基酸组成的改变
   C. 肽键的断裂
   D. 蛋白质空间构象的破坏
   E. 蛋白质的水解
4. 蛋白质分子中，维持一级结构的主要化学键是（　　）
   A. 氢键　B. 肽键　C. 二硫键
   D. 盐键　E. 疏水键
5. 只有一条肽链的蛋白质必须具备哪级结构才有生物学功能（　　）
   A. 一级　B. 二级　C. 三级
   D. 四级　E. 五级
6. 蛋白质带正电荷时，其溶液的pH（　　）
   A. ＞7.4　B. ＜7.4　C.=pI
   D. ＜pI　E. ＞pI
7. 将蛋白质溶液的pH调节到等电点时则（　　）
   A. 可使蛋白质稳定性增大
   B. 蛋白质表面静电荷不变
   C. 蛋白质表面静电荷增加
   D. 蛋白质稳定性减少，易于沉淀
   E. 可使蛋白质变性
8. 蛋白质溶液稳定的主要原因是（　　）
   A. 蛋白质溶液有黏性
   B. 蛋白质分子颗粒极小
   C. 蛋白质分子带电荷
   D. 蛋白质分子在溶液中做布朗运动
   E. 蛋白质分子表面带水化膜和同性电荷

三、简答题

1. 写出氨基酸的结构通式，并简述氨基酸的结构特点。
2. 引起蛋白质变性的因素有哪些？举例说明蛋白质变性在医学上的应用。

（刘　丽）

第 2 章

核酸的结构与功能

天然存在的核酸可分为脱氧核糖核酸（deoxyribonucleic acid，DNA）和核糖核酸（ribonucleic acid，RNA）两大类。真核细胞中，98% 以上 DNA 分布于细胞核的染色质中，少量存在于细胞器（如线粒体、叶绿体）中。DNA 是遗传信息的携带者，可作为复制和转录的模板，其碱基排列顺序决定蛋白质分子中的氨基酸排列顺序。

RNA 可分为信使核糖核酸（mRNA）、转运核糖核酸（tRNA）、核糖体核糖核酸（rRNA）和多种小 RNA。90% 的 RNA 分布在细胞质中，仅有 10% 在细胞核内。它们在遗传信息的传递中发挥着重要作用。在某些病毒中，RNA 也可作为遗传信息的载体。

考点 核酸的分类

第 1 节　核酸的分子组成

（一）核酸的元素组成

组成核酸的元素有碳（C）、氢（H）、氧（O）、氮（N）、磷（P）等，其中磷元素的含量相对恒定，占 9% ～ 10%，平均为 9.5%。通过测定样品中磷的含量，可对核酸进行定量分析。

考点 核酸的元素组成特点

（二）核酸的组成成分

核酸在核酸酶的作用下水解得到核苷酸，核苷酸继续水解最终得到三种成分：磷酸、戊糖和碱基，如图 2-1 所示。

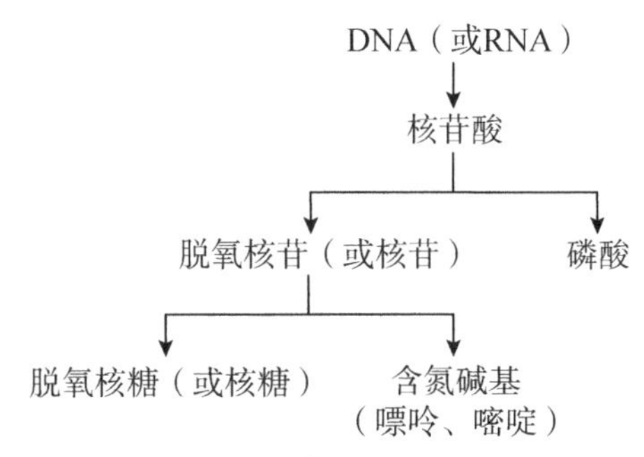

图 2-1　核酸水解及其产物

考点 核酸的基本成分

1. 磷酸（H_3PO_4）　DNA 与 RNA 均含有磷酸，结构式如下：

```
        O
        ‖
HO — P — OH
        |
        OH
```

2. 戊糖　构成核酸的戊糖有两种，*β-D-* 核糖和 *β-D-2′-* 脱氧核糖。前者构成 RNA，后者构成 DNA。所含戊糖不同是划分 DNA 和 RNA 的依据。为了与碱基区别，戊糖各原子编号常用 1′ ～ 5′ 表示。两种戊糖的结构如图 2-2 所示。

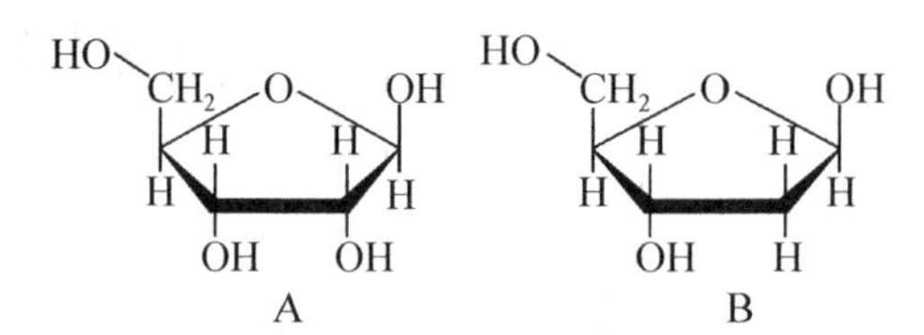

图 2-2　核糖与脱氧核糖的结构

A. *β-D-* 核糖；B. *β-D-2′-* 脱氧核糖

3. 碱基　核酸中的碱基分为嘌呤和嘧啶两类。常见嘌呤有腺嘌呤（A）和鸟嘌呤（G）；嘧啶主要有胞嘧啶（C）、尿嘧啶（U）、胸腺嘧啶（T）。DNA 分子中主要含 A、G、C、T 四种碱基；RNA 分子中主要含 A、G、C、U 四种碱基，各碱基的结构如图 2-3 所示。

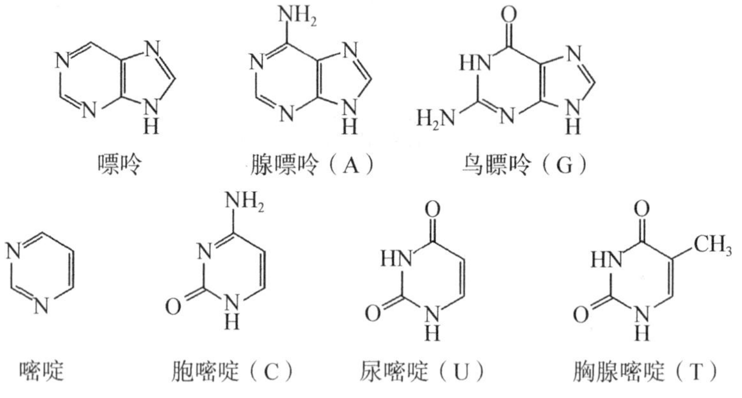

图 2-3　构成核酸的碱基的结构

除了上述碱基外，在 RNA 分子中还有稀有碱基，如二氢尿嘧啶（DHU）、假尿嘧啶（ψ）和次黄嘌呤（I）等（图 2-4）。

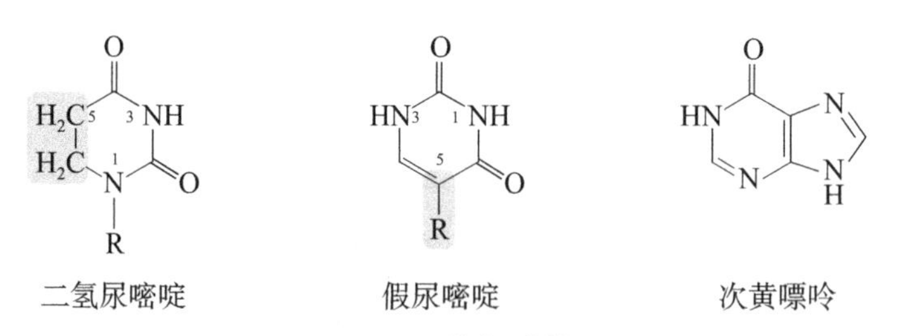

图 2-4　稀有碱基

（三）核苷酸

碱基与戊糖相连形成核苷，核苷再连接磷酸形成核苷酸。

核苷和一个磷酸通过共价键相连形成核酸的基本组成单位——核苷一磷酸（图 2-5），根据戊糖的差异可分为核糖核苷酸一磷酸（NMP）和脱氧核糖核苷酸一磷酸（dNMP）。

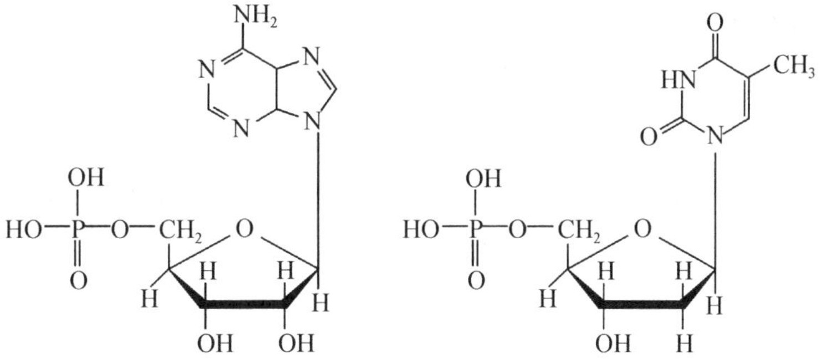

腺苷一磷酸（AMP）　　　　脱氧胸苷一磷酸（dTMP）

图 2-5　核苷一磷酸与脱氧核苷一磷酸结构示例

NMP 包括 AMP、GMP、CMP 和 UMP，它们是 RNA 的基本组成单位；dNMP 包括 dAMP、dGMP、dCMP 和 dTMP，它们是 DNA 的基本组成单位。RNA 各组成成分及组成单位的比较如表 2-1 所示。

表 2-1　DNA 与 RNA 组成比较

核酸	RNA	DNA
碱基	A、G、C、U	A、G、C、T
戊糖	核糖	脱氧核糖
磷酸	有	有
基本组成单位	NMP（AMP、GMP、CMP、UMP）	dNMP（dAMP、dGMP、dCMP、dTMP）

含有多个磷酸的核苷酸称为多磷酸核苷。含两个磷酸的称为核苷二磷酸，包括核糖核苷二磷酸（NDP：ADP、GDP、CDP、UDP）和脱氧核糖核苷二磷酸（dNDP：dADP、dGDP、dCDP、dTDP）；含有三个磷酸的称为核苷三磷酸，包括核糖核苷三磷酸（NTP：ATP、GTP、CTP、UTP）和脱氧核糖核苷三磷酸（dNTP：dATP、dGTP、dCTP、dTTP）。磷酸与磷酸之间形成高能磷酸键，用～表示。核苷二磷酸及核苷三磷酸均为高能化合物。其中最重要的腺苷三磷酸（ATP）含 2 个高能磷酸键（图 2-6），它是体内一切生命活动所需能量的主要直接供给体。

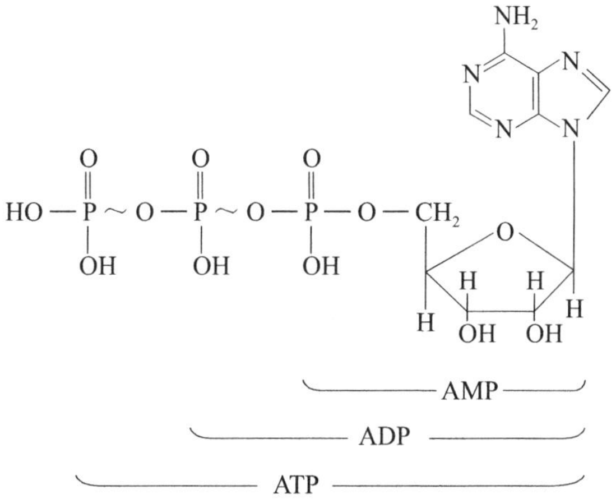

图 2-6　AMP、ADP 和 ATP 的结构示意图

（四）核酸分子中核苷酸的连接方式

一个核苷酸的 C-3′ 羟基与相邻核苷酸的 C-5′ 磷酸基脱水缩合形成 3′, 5′- 磷酸二酯键。多个核苷酸之间通过磷酸二酯键相连，形成的长链状化合物称为多核苷酸链。多核苷酸链中有游离磷酸的一端称为 5′- 磷酸末端（简写 5′- 端）；有游离 3′- 羟基的一端称为 3′- 羟基末端（简写 3′- 端）。多核苷酸链的结构，如图 2-7 所示。

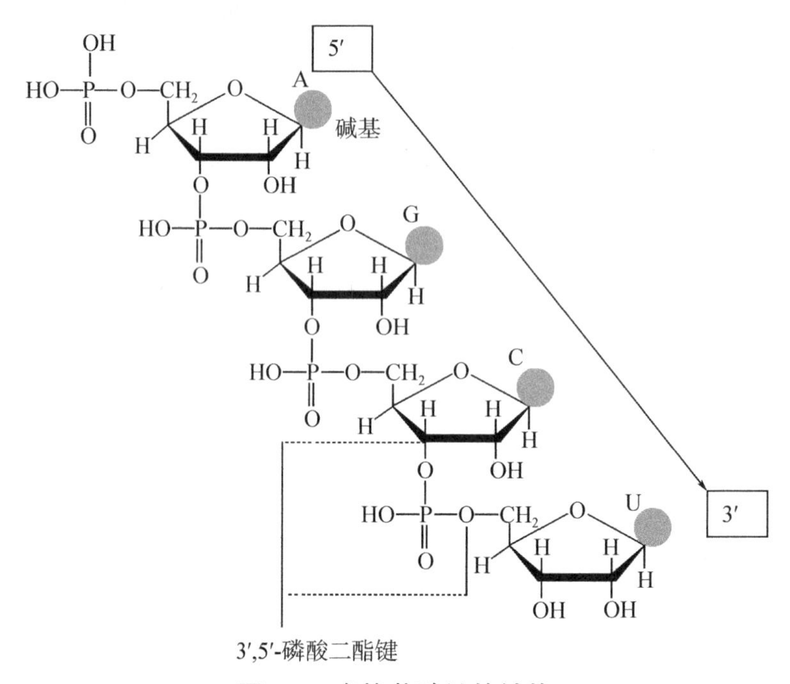

图 2-7 多核苷酸链的结构

一般情况下，在书写时多核苷酸链时，只写明碱基排列顺序，戊糖和磷酸可以省略。习惯上 5′- 端写在左侧，3′- 端写在右侧。如 5′…AGCTTGGACATGCTTC…3′ 就代表了 DNA 的一条链。

考点 核苷酸的连接方式

第 2 节 DNA 的分子结构

（一）DNA 的一级结构

DNA 的一级结构是指 DNA 分子中脱氧核苷酸的排列顺序，即核苷酸序列。遗传信息储存于该序列中。维持 DNA 一级结构稳定的化学键是 3′, 5′- 磷酸二酯键。

（二）DNA 的二级结构——双螺旋结构

美国的生物学家沃森（J.D.Watson）和英国的物理学家克里克（F.Crick）于 1953 年提出了 DNA 双螺旋结构模型学说，现在称为 B 型 DNA（图 2-8），要点如下。

1. DNA 分子是由两条反向平行的多核苷酸链（一条链为 3′→5′，另一条链为 5′→3′），围绕同一个中心轴，以右手螺旋的方式所形成的双螺旋结构。

2. 磷酸与脱氧核糖构成两条链的骨架，碱基排列于位于两条链的内侧。两条链中的碱基按照碱基互补规律配对，A-T 之间形成两个氢键配对，G-C 之间形成三个氢键配对，如图 2-8

所示。两条链彼此称为互补链。配对碱基所处的平面称为碱基对平面，碱基对平面间相互平行，并与中心轴垂直。

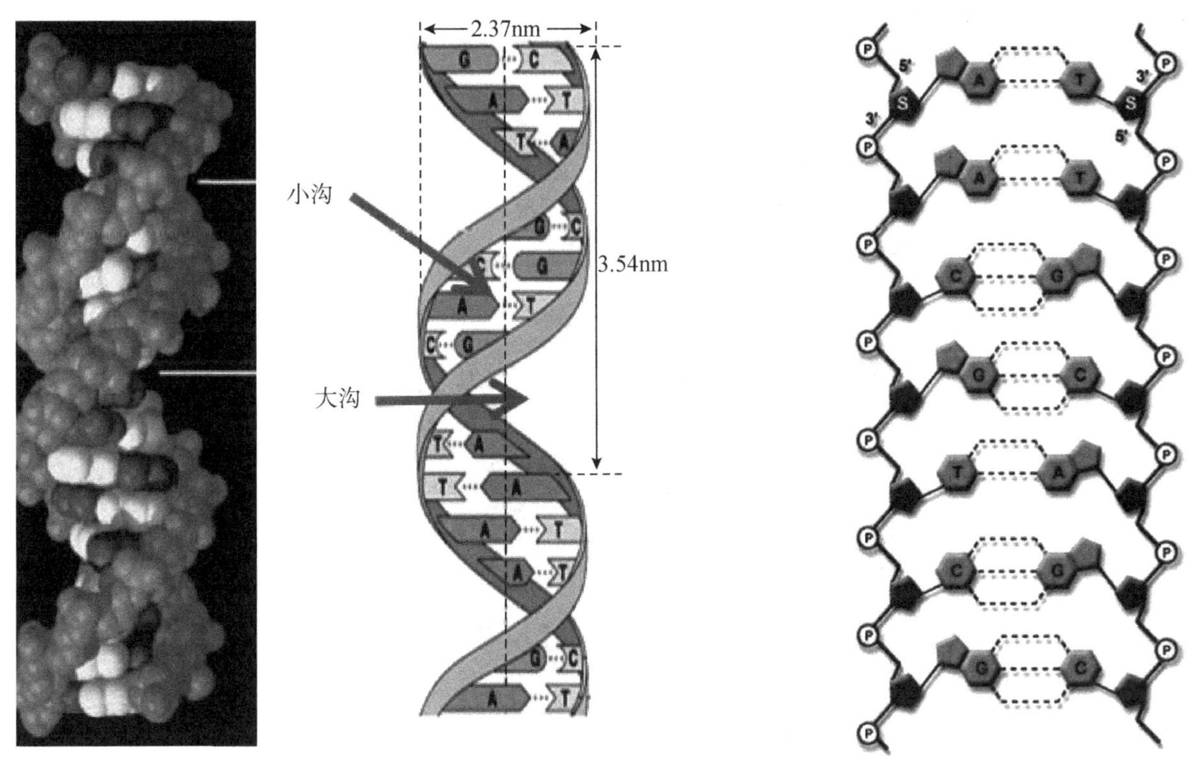

图 2-8　DNA 分子双螺旋结构及碱基配对模式图

3. 双螺旋结构的直径为 2.37nm；螺旋每旋转一周包含 10.5 个碱基对；螺距为 3.54nm；双螺旋的表面有大沟和小沟。

4. 维持双螺旋结构稳定的因素是氢键和碱基堆积力。

考点　DNA 双螺旋结构的要点

（三）DNA 的高级结构

1. 原核生物　原核生物的 DNA 和真核生物细胞中的线粒体及叶绿体 DNA 的二级结构大多是闭合环状双螺旋结构，可进一步盘绕折叠而形成的超螺旋结构，根据旋转的方向不同可有正超螺旋和负超螺旋（图 2-9）。

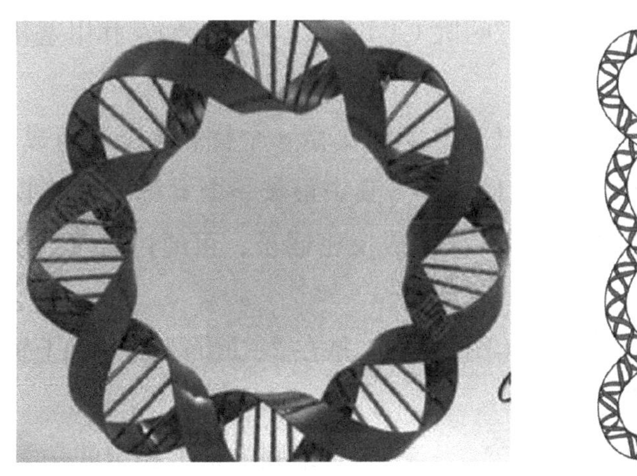

图 2-9　闭合环状双螺旋（左）与超螺旋结构（右）

2. 真核生物　真核生物细胞核 DNA 呈线状，在形成更高级结构时，常与组蛋白结合形成核小体，多个核小体连接形成念珠状，然后再进一步盘绕折叠形成染色单体，在细胞核内组装成染色体（图 2-10）。

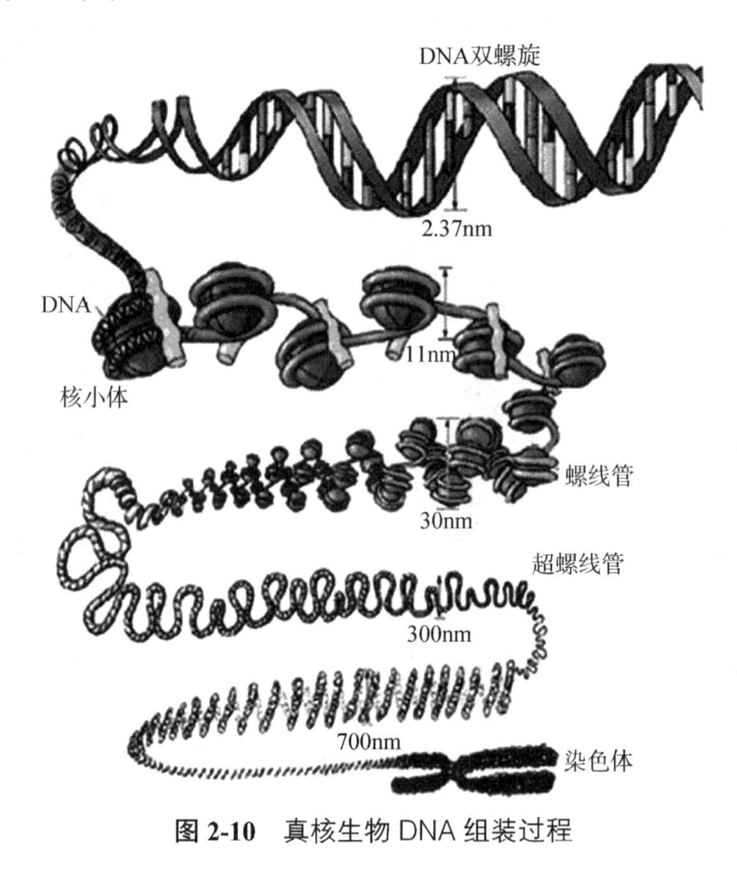

图 2-10　真核生物 DNA 组装过程

第 3 节　RNA 的结构与功能

RNA 通常以单链形式存在，有些 RNA 分子可通过自身回折，形成局部双螺旋，非互补区形成环状突起，这种结构称为茎环结构或发夹结构。

（一）tRNA 的结构与功能

tRNA 约占细胞 RNA 的 15%，是三种 RNA 分子中最小的一类。tRNA 中存在多种稀有碱基，如二氢尿嘧啶（DHU）、胸腺嘧啶（T）、假尿嘧啶（ψ）和甲基化的嘌呤等，且 3′-OH 末端为—CCA。

tRNA 的二级结构呈三叶草形（图 2-11），由 4 个臂和 4 个环组成。局部碱基互补配对形成双链区，称为臂，非互补区域形成环。其中最长一个臂称为氨基酸臂，3′-OH 末端可携带氨基酸。反密码环底部的 3 个核苷酸组成反密码子，可通过碱基互补配对识别 mRNA 上的密码子。

tRNA 的三级结构呈倒“L”形（图 2-11），是在“三叶草”的基础上折叠而成的三维结构。

（二）mRNA 的结构与功能

mRNA 占细胞 RNA 总重量的 2% ～ 5%，是细胞内最不稳定的一类 RNA。真核生物成

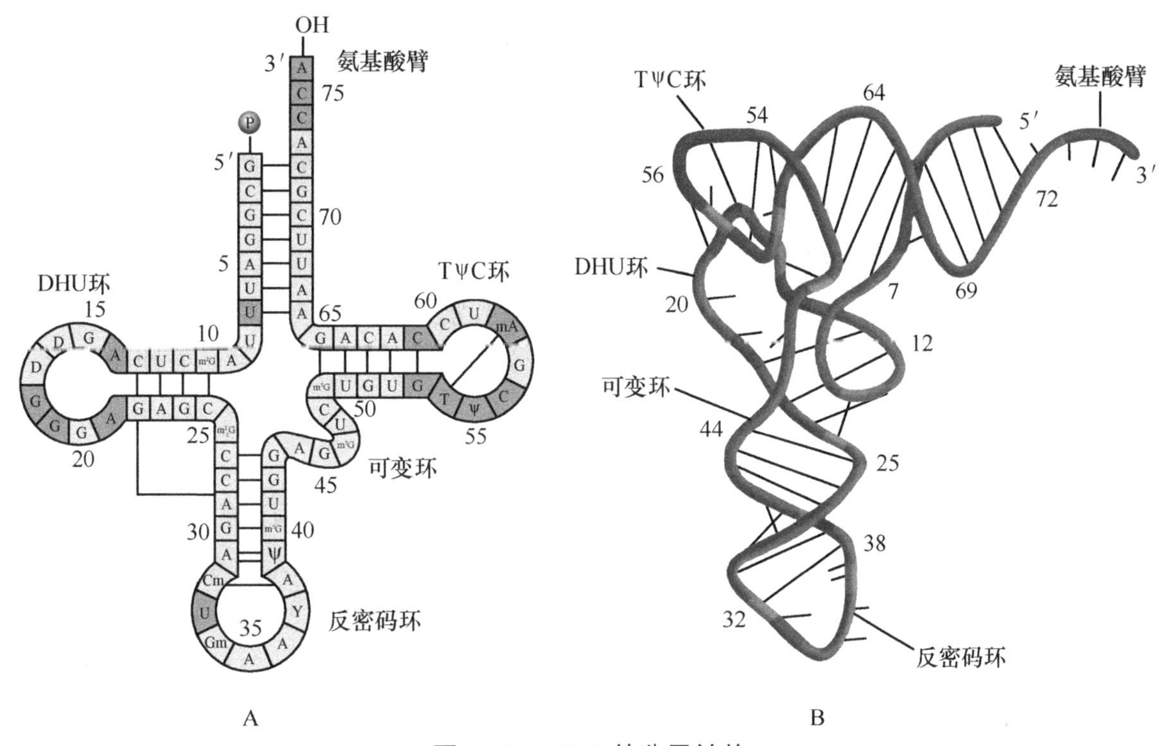

图 2-11　tRNA 的分子结构

A. tRNA 的一级结构与二级结构；B. tRNA 的三级结构

熟的 mRNA 5′- 端的具有特殊的“帽结构”，3′- 端具有多聚腺苷酸“尾结构”，中间是编码区（图 2-12）。编码区的核苷酸序列直接决定蛋白质多肽链的氨基酸序列，因此 mRNA 是蛋白质生物合成的模板。

图 2-12　真核生物成熟的 mRNA 的结构示意图

（三）rRNA 的结构与功能

rRNA 是细胞内含量最多的 RNA，约占细胞 RNA 总重量的 80% 以上。各种不同的 rRNA 可与多种蛋白质结合，构成大、小亚基，在蛋白质合成时，大小亚基结合形成核糖体（图 2-13），在蛋白质合成中起装配机作用，是蛋白质多肽链生物合成的场所。

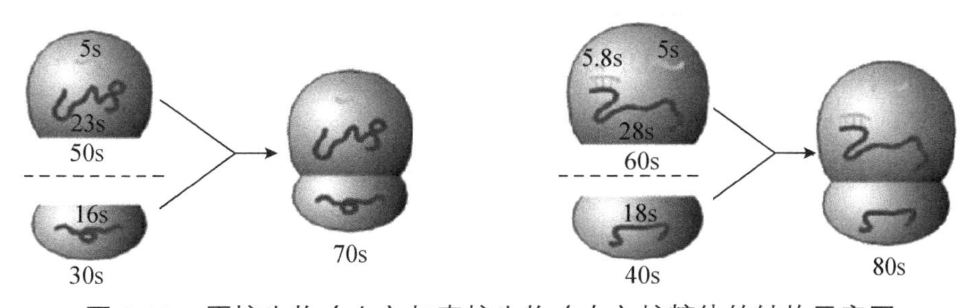

图 2-13　原核生物（左）与真核生物（右）核糖体的结构示意图

考点　结构特点和功能

第4节　核酸的理化性质

核酸是生物大分子，溶液黏稠度大。由于它既含磷酸，也含碱基，可进行两性电离。利用核酸的带电性质，常用琼脂糖电泳法分离提纯核酸。

（一）核酸的紫外吸收特性

核酸分子中的碱基都含有共轭双键，它们具有吸收紫外线的性质。核酸溶液的最大吸收峰在260nm处，这一性质常被用于核酸定性、定量分析，也可用来检测核酸变性和复性。

考点 核酸的紫外吸收峰

（二）核酸的变性、复性与分子杂交

1. 核酸的变性　核酸的变性主要是指DNA的变性。在某些理化因素的作用下，DNA分子双链间的氢键断裂，双螺旋结构解开形成两条单链的过程称为DNA的变性（图2-14）。DNA变性时其一级结构不变。

物理因素（如加热）及化学因素（如有机溶剂、酸、碱、尿素、甲酰胺等）均能导致DNA变性。加热使DNA发生变性的过程称为热变性。

2. 核酸的复性　当DNA变性后，缓慢除去变性条件，解开的两条单链又重新结合形成双螺旋结构的过程称为DNA的复性（图2-14）。热变性后的复性又称退火。

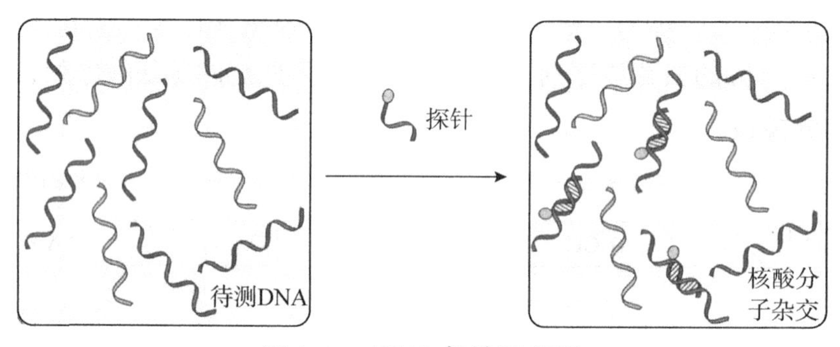

图2-14　DNA复性示意图

一般情况下，DNA的变性与复性是可逆的。热变性后DNA，如果迅速降温，则复性不能发生。

考点 DNA的变性与复性的概念

3. 核酸的分子杂交　将不同来源的DNA变性后，放在一起进行复性，只要这些核酸单链间有一定数量的互补碱基，它们之间就可形成局部的杂化双链，这一过程称为核酸分子杂交。杂交双链可以是DNA-DNA、DNA-RNA或RNA-RNA。核酸分子杂交技术已被广泛应用于遗传病诊断、病原体检测等医学领域。

自测题

一、名词解释

1. DNA 的变性　2. DNA 的复性

二、单项选择题

1. 核酸分子中含量恒定的元素是（　　）
   A. 碳　B. 氮　C. 氧
   D. 磷　E. 硫
2. 只存在于 mRNA 而 DNA 不含有的碱基是（　　）
   A. U　B. G　C. A
   D. T　E. C
3. 已知某 DNA 分子碱基中 C 含量为 20%，则 A 的含量为（　　）
   A. 15%　B. 20%　C. 30%
   D. 40%　E. 60%
4. 连接核苷酸之间形成多核苷酸链的是（　　）
   A. 氢键　B. 肽链
   C. 范德瓦耳斯力　D. 3′, 5′- 磷酸二酯键
   E. 盐键
5. RNA 和 DNA 在组成上的不同体现在（　　）
   A. 所含碱基不同
   B. 所含戊糖不同
   C. 所含碱基和戊糖均不同
   D. 所含碱基和戊糖均相同
   E. 所含磷酸不同
6. DNA 的二级结构为（　　）
   A. α 螺旋　B. 三叶草形结构
   C. 双螺旋结构　D. 倒 L 形结构
   E. 帽子结构
7. DNA 分子两条链间靠什么键相连（　　）
   A. 氢键　B. 肽链
   C. 盐键　D. 3′, 5′- 磷酸二酯键
   E. 盐键
8. 下列碱基配对关系正确的是（　　）
   A. T-A　B.C-T　C. G-T
   D. C-A　E.A-G
9. 三叶草形结构是（　　）
   A. DNA 的二级结构　B. 蛋白质的二级结构
   C. tRNA 的二级结构　D. tRNA 的三级结构
   E.DNA 的三级结构
10. 5′- 端有帽子结构的分子是（　　）
   A. DNA　B. tRNA　C. 蛋白质
   D. rRNA　E. mRNA

三、简答题

1. 列表比较DNA与RNA组成成分与结构的异同。
2. 简述 DNA 双螺旋模型的要点。

（樊志强）

第3章 酶

第1节 酶的概述

酶（enzyme，E）是由活细胞产生的具有催化功能的蛋白质，也称生物催化剂。另外，少数核酸也具有催化作用，称为核酶。酶所催化的反应称为酶促反应，被酶催化的物质称为底物（S），生成的物质称为产物（P）；酶所具有的催化能力称为酶活性，而失去催化能力则称为酶的失活。

案例 3-1

某患儿，女，6岁，时常出现鼻痒、鼻塞、流涕，打喷嚏，喉部不适。就医后诊断为慢性鼻炎。医生给予鼻炎康口服液和溶菌酶肠溶片治疗时，嘱其溶菌酶肠溶片要整片吞服，不可研碎。

问题： 1. 为什么溶菌酶肠溶片不可研碎服用？

2. 酶促反应有何特点？

一、酶促反应的特点

酶与一般催化剂有相同的催化性质，即只能催化热力学允许的化学反应，缩短达到化学反应平衡的时间，而不改变反应的平衡点。在反应的前后，酶没有质和量的改变。而酶作为生物催化剂，又具有一般催化剂所没有的特性。

（一）高度的催化效率

酶的催化效率通常比非催化反应高 10^8 ～ 10^{20} 倍，比一般催化剂高 10^7 ～ 10^{13} 倍。例如，蔗糖酶催化蔗糖水解的速率是 H^+ 催化作用的 2.5×10^{12} 倍；脲酶催化尿素水解的速率是 H^+ 催化作用的 7×10^{12} 倍。

很多化学反应在体外通常需要高温、高压或强酸、强碱等剧烈条件才能进行，而物质代谢却能在生物体内温和的条件下快速进行，正是有赖于酶的高度催化效率。

（二）高度的特异性

酶对其所催化的底物有一定的选择性，称为酶的特异性。酶往往只能作用于一种或一类物质，催化一种或一类反应，而一般催化剂没有这样严格的选择性。例如，盐酸可使糖、脂肪、蛋白质等多种物质水解，而淀粉酶只能催化淀粉水解。酶催化作用的特异性取决于酶蛋白分子特定的结构。根据酶对底物分子结构选择的严格程度不同，酶的特异性可分为三种类型。

1. 绝对特异性 一种酶只催化一种底物进行反应，称为绝对特异性。例如，脲酶只能催化尿素水解生成 NH_3 和 CO_2，而对尿素的衍生物（如甲基尿素）则无作用。

2. 相对特异性 一种酶能催化一类化合物或一类化学键进行反应，称为相对特异性。例如，脂肪酶不仅能催化脂肪水解，也可水解简单的酯类化合物。

3. 立体异构特异性 有些酶对底物分子的立体构型有严格要求，称为立体异构特异性。例如，*L*-谷氨酸脱氢酶只能催化 *L*-谷氨酸氧化脱氨基，对 *D*-谷氨酸无催化作用。

（三）高度的不稳定性

酶是蛋白质，酶促反应要求温和的条件。强酸、强碱、有机溶剂、重金属盐、高温、高压、紫外线、剧烈振荡等任何使蛋白质变性的理化因素都可能使酶变性而失去其催化活性。在临床上测定酶的活性和保存酶制剂时都应避免上述因素的影响。

（四）酶活性的可调节性

酶促反应可受到多种因素的调控，从而使生物体内错综复杂的代谢反应能适应不断变化的生命活动的需要。酶活性的调节主要通过改变酶的结构和含量来实现。例如，酶原的激活使酶在适合的环境中被激活并发挥催化作用；别构酶受别构剂的调节；激素、神经和体液通过第二信使对酶活力进行调节等。如果体内酶活性的调节异常，物质代谢将会发生紊乱，可能会导致人体疾病的发生甚至死亡。

考点 酶促反应的特点

二、酶的分类与命名

（一）酶的分类

国际酶学委员会根据各种酶催化的反应类型，将酶分为7大类，分别是氧化还原酶类、转移酶类、水解酶类、裂合酶类（裂解酶类）、异构酶类、合成酶类（连接酶类）和转位酶（易位酶）。

（二）酶的命名

1. 习惯命名法 这种命名法较常用，常根据底物、反应性质、部位等命名。

（1）根据酶催化的底物命名：如催化淀粉水解的酶称为淀粉酶，催化蛋白质水解的酶称为蛋白酶。有时为了区别酶的来源还加上器官名，如胃蛋白酶。

（2）根据酶促反应的性质命名：如脱氢酶、氨基转移酶等。

有时综合上述两种原则命名，如乳酸脱氢酶。

2. 国际系统命名法 1961年国际生物化学学会酶学委员会提出了一套新的系统命名法，规定每一个酶都要有一个系统名称，要标明酶的所有底物与反应性质。如果一种酶催化两个底物，底物名称间用“：”隔开。由于许多酶作用的底物是两个或多个，且化学名称较长，使酶的系统名称过长，太复杂。为了应用方便又从数个习惯名称中选定一个简便实用的推荐名称。

第 2 节　酶的分子组成与结构

一、酶的分子组成

酶的化学本质是蛋白质，蛋白质所有的化学性质酶也具有，所以酶同样具有蛋白质的各级结构。按酶的分子组成可分为以下几类。

1. 单纯酶　是指仅由氨基酸残基构成的酶。它的催化活性取决于蛋白质的分子结构，如蛋白酶、淀粉酶、脂肪酶等。

2. 结合酶　是指由蛋白质部分和非蛋白质部分构成的酶。蛋白质部分称为酶蛋白，非蛋白质部分称为辅助因子。酶蛋白与辅助因子结合形成的复合物称为全酶。只有全酶才有催化活性，酶蛋白与辅助因子单独存在时均无催化活性。

结合酶（全酶）=酶蛋白 + 辅助因子

一种酶蛋白只能与一种辅助因子结合成一种有催化能力的全酶，而一种辅助因子可以与多种酶蛋白结合成不同催化功能的全酶。酶蛋白决定反应的特异性和高效性，辅助因子决定反应的类型与性质，起接受或供给电子、原子或化学基团的作用，如乳酸脱氢酶催化的反应：

$$\text{乳酸} \underset{NAD^+ \quad NADH+H^+}{\overset{\text{乳酸脱氢酶}}{\rightleftharpoons}} \text{丙酮酸}$$

在这个反应中，NAD^+ 是乳酸脱氢酶的辅酶，具有传递氢和电子的作用。

辅助因子是金属离子和小分子有机物。常见的金属离子有 K^+、Na^+、Mg^{2+} 等。小分子有机物结构中常含有维生素或维生素类物质。辅助因子根据其与酶蛋白结合紧密程度的不同又分为辅酶和辅基。与酶蛋白结合疏松，用透析或超滤等方法可使其与酶蛋白分开的辅助因子称为辅酶；反之称为辅基。金属离子多为酶的辅基。

考点 结合酶的组成及各部分的作用

二、酶的活性中心

酶的分子很大，而酶分子中存在的各种化学基团并不一定都与酶的活性有关。与酶活性密切相关的基团称为酶的必需基团。这些必需基团在酶分子的一级结构上可能相距很远，但在空间结构中酶的必需基团彼此靠近，形成具有一定空间构象的区域。这个特定空间区域能与底物特异性地结合并将底物转化为产物，这一区域称为酶的活性中心（图 3-1）。

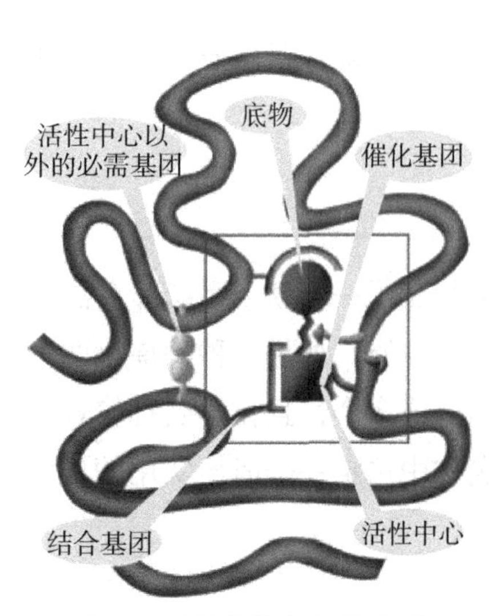

图 3-1　酶活性中心示意图

酶活性中心的必需基团有两种：一种是结合基团，能识别底物并与之结合，使底物与酶结合成复合物；另一种是催化基团，能催化底物发生化学变化使之转变为产物。活性中心内的必需基团可同时具有这两方面的功能。在活性中心之外还有一些基团能维持酶活性中心的空间构象，称为活性中心以外的必需基团。

考点 酶活性中心的概念

三、同　工　酶

同工酶是指催化相同的化学反应，但酶蛋白的分子结构、理化性质以及免疫学特性不同的一组酶。同工酶不仅存在于生物的同一种属或同一个体的不同组织，甚至存在于同一组织细胞的不同亚细胞结构中，使不同的组织、器官和不同的亚细胞结构具有不同的代谢特征，这为同工酶在临床上用来诊断不同器官的疾病提供了理论依据。

现已发现百余种同工酶，如乳酸脱氢酶、酸性和碱性磷酸酶、肌酸激酶等，其中乳酸脱氢酶（LDH）是最先被发现的同工酶，也是研究得最为清楚的。人体中LDH是四聚体酶，由骨骼肌型（M型）和心肌型（H型）两种亚基以不同的比例组成五种同工酶，即LDH_1（H_4）、LDH_2（H_3M）、LDH_3（H_2M_2）、LDH_4（HM_3）和LDH_5（M_4）（图3-2）。

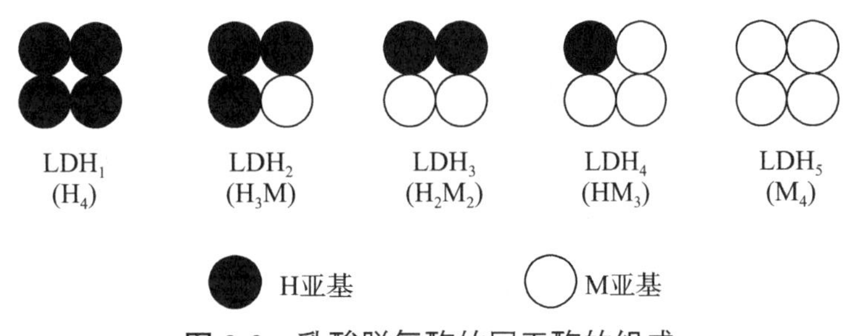

图3-2　乳酸脱氢酶的同工酶的组成

由于不同组织器官合成这两种亚基的速率和两种亚基之间组合的情况不同，LDH同工酶在不同组织器官中的种类、含量和分布比例不同（表3-1），使不同组织器官有各自的代谢特点和同工酶谱。

表3-1　人体各组织器官中LDH同工酶分布

组织器官	同工酶百分比（%）				
	LDH_1	LDH_2	LDH_3	LDH_4	LDH_5
心肌	73	24	3	0	0
肾	43	44	12	1	0
肝	2	4	11	27	56
脾	10	25	40	20	5
肺	14	34	35	5	12
骨骼肌	0	0	5	16	79

同工酶的测定对于疾病的诊断具有重要意义。由于同工酶的组织特异性，当某组织发生病变时，存在于这些组织中特定的同工酶就会释放出来，测定血清中相应同工酶谱就能较准确地反映病变部位和程度。例如，LDH_1在心肌中相对含量高，而LDH_5在肝中相对含量高。当心、肝病变时就会引起血清LDH同工酶谱的变化（图3-3）。

案例 3-2

某患者，男，35 岁，主诉：中秋节家庭聚餐暴饮暴食，突发上腹部疼痛，伴持续性腹胀和恶心、呕吐就医；实验室检查：血、尿淀粉酶升高；影像检查：B 超、CT 检查发现胰腺呈弥漫性肿大。诊断：急性胰腺炎。

问题：正常情况下胰腺产生的消化酶为什么不会把胰腺自身消化分解掉？

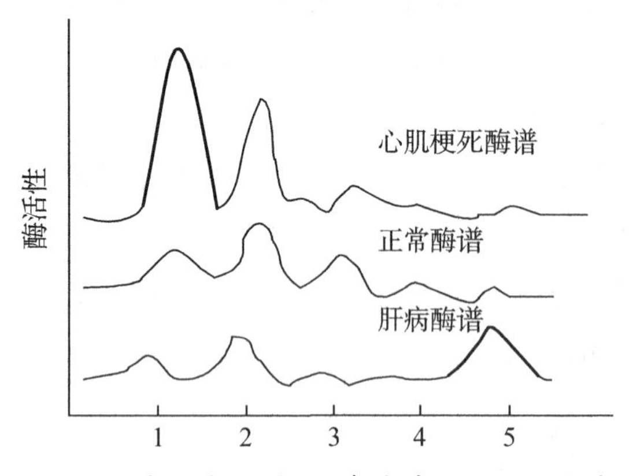

图 3-3 心肌梗死与肝病患者 LDH 同工酶谱的变化

四、酶原与酶原的激活

大多数酶在细胞内合成后即有催化活性，但有些酶在细胞内合成和初分泌时，并无催化活性。这种无活性的酶的前体称为酶原，如凝血酶原、胰蛋白酶原等。在一定条件下，无活性的酶原转变为有活性的酶的过程称为酶原的激活。酶原激活的实质是酶活性中心的形成或暴露。例如，胰蛋白酶原在小肠受肠激酶的催化将其 N 端水解掉一个六肽，胰蛋白酶原分子结构发生改变，形成酶的活性中心，使无活性的胰蛋白酶激活成为有活性的胰蛋白酶（图 3-4）。

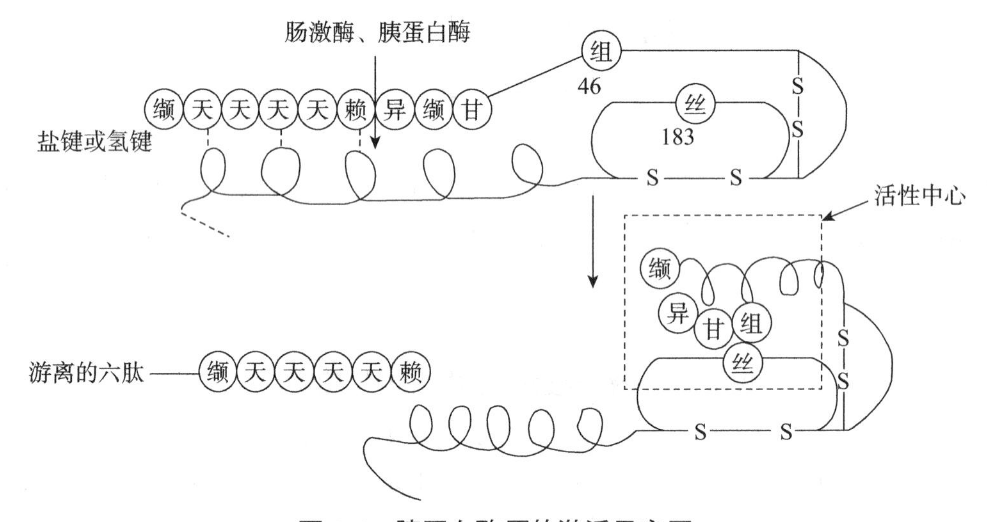

图 3-4 胰蛋白酶原的激活示意图

酶原的激活具有重要意义。在正常情况下，既可以避免细胞产生的蛋白酶对细胞进行自身消化，又可使酶原到达特定的部位或适合的环境后发挥其催化作用。特定肽键断裂所导致的酶原激活在生物体内广泛存在，是生物体的一种重要的调控酶活性的方式。临床上急性胰腺炎就是因为某些因素引起的胰蛋白酶原等在胰腺组织被激活，水解自身的胰腺细胞，导致胰腺出血、肿胀。此外，酶原可以视为酶的储存形式。血浆中大多数凝血因子基本上是以无活性的酶原形式存在，只有当组织或血管内膜受损后，无活性的酶原才能转变为有活性的酶，从而触发一系列的级联式酶促反应，最终导致可溶性的纤维蛋白原转变为稳定的纤维蛋白多聚体，网罗血小板等形成血凝块。

考点 酶原激活的实质、酶原存在的意义

五、酶催化作用的机制

酶催化作用的机制是降低化学反应的活化能。反应物从初态转变为活化状态所需要的能量称为活化能。酶通过特有的作用机制，能比一般催化剂更有效降低反应所需活化能，使底物只需较少能量就可进入活化状态，进而转变为产物（图3-5）。

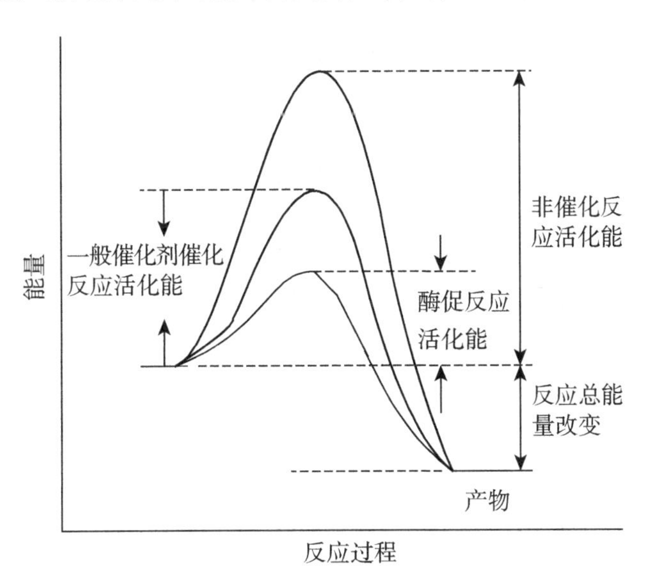

图3-5 反应活化能的改变

（一）中间产物学说

酶（E）与底物（S）形成酶-底物复合物（ES），然后再分解为反应产物（P）并释放酶，这一过程称为中间产物学说。释放的酶又可与底物结合继续发挥其催化功能。

$$E + S \rightleftharpoons ES \longrightarrow E + P$$

（二）诱导契合学说

诱导契合假说指出，酶并不是事先就以一种与底物互补的形式存在的，底物的结构和酶的活性中心的结构并不是刚好吻合的。当底物分子和酶活性中心接触时，其结构相互诱导、相互变形和相互适应，最终达到相互结合形成酶-底物复合物，这种在底物的诱导作用下形成与底物完全匹配的活性中心构象的过程称为诱导契合（图3-6）。

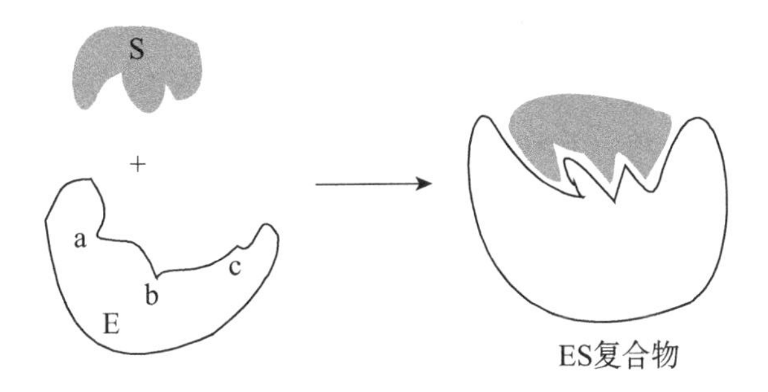

图3-6 酶-底物结合的相互诱导契合示意图

第3节 影响酶促反应速度的因素

酶促反应速度常用单位时间内底物的减少量或产物的生成量来表示。酶活性的充分发挥是决定酶促反应速度的主要因素。酶的本质是蛋白质，酶蛋白的空间构象受很多因素的影响发生改变，从而使酶的活性改变。因此，研究影响酶促反应速度的各种因素对疾病的诊断和治疗有着重要的意义。

一、酶浓度的影响

在一定的温度和 pH 条件下，当底物浓度远远大于酶浓度时，酶促反应速度与酶浓度成正比（图 3-7）。

二、底物浓度的影响

在酶浓度及其他条件不变的情况下，底物浓度对酶促反应速度的影响呈矩形双曲线（图 3-8）。从图 3-8 的曲线可以看出：当底物浓度（[S]）很低时，反应速度（V）随 [S] 的增加而增快，两者成正比关系。随着 [S] 的继续增大，反应速度 V 的增高趋势渐缓。若再增大 [S]，V 不再增快，达到最大速度（V_{max}），此时酶的活性中心已被底物饱和，称为底物饱和现象。

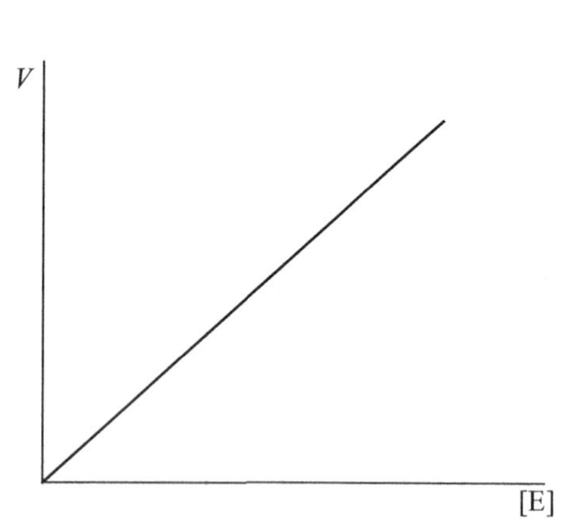

图 3-7 酶浓度对酶促反应速度的影响

当 [S] 远大于 [E] 时，V 与 [E] 成正比关系

V：酶促反应速度；[E]：酶浓度；[S]：底物浓度

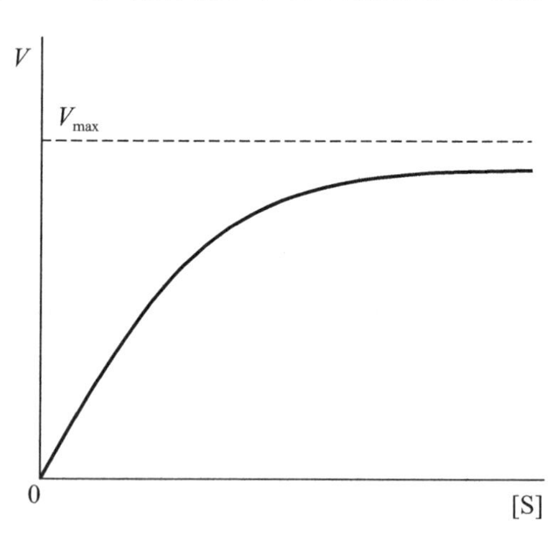

图 3-8 底物浓度对酶促反应速度的影响

V_{max}：酶促反应最大速度；[S]：底物浓度

案例 3-3

2005 年 3 月 17 日 7 时许，一名在俄罗斯工作的中国工人除了左手的示指和拇指，其他三个手指连同半个手掌被飞速旋转的电锯齐刷刷地切掉。由于当地条件所限，不能进行断肢再植术，当地医院对伤口进行了相应处理，并将断掌保存在 4℃的保温箱中，经过飞机、马车、吉普车、火车等千里接力到达国内齐齐哈尔第一医院手术室的时候，时间已经过去 24 小时。虽然断肢再植的适宜时间是 6～8 小时，但由于俄罗斯医院处理得当，断掌被成功接活，在断肢再植历史上创造了奇迹。

问题：断掌为什么要保存在低温下？

三、温度的影响

温度对酶促反应速度具有双重影响。升高温度可加快酶促反应速度，同时也增加酶变性的机会。酶促反应速度达到最大值时对应的温度称为酶的最适温度（图 3-9）。恒温动物组织中酶的最适温度一般在 37 ～ 40℃。

值得注意的是，低温时酶活性降低但酶结构没有被破坏，温度回升后，酶活性可恢复。对大多数酶来说，温度每升高 10℃，酶促反应速度加快为原反应速度的 2 倍。但高于最适温度，继续升高温度，酶蛋白由于高温变性失活，酶促反应速度减慢。酶所表现的最适温度就是这两种影响的综合结果。

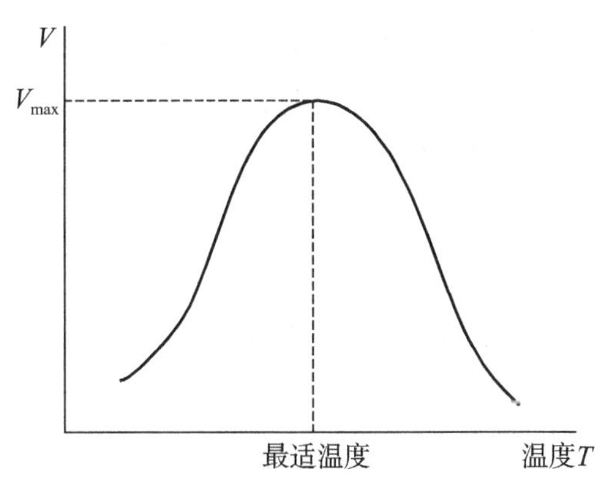

图 3-9 温度对酶促反应速度的影响

温度对酶促反应速度的影响在临床上具有重要意义。例如，低温麻醉可以提高机体在手术中对氧和营养物质缺乏的耐受性。酶制剂和酶检测标本（如血清、血浆等）应在冰箱中低温（4 ～ 8℃）保存。

考点 温度对酶促反应速度的影响

四、pH 的影响

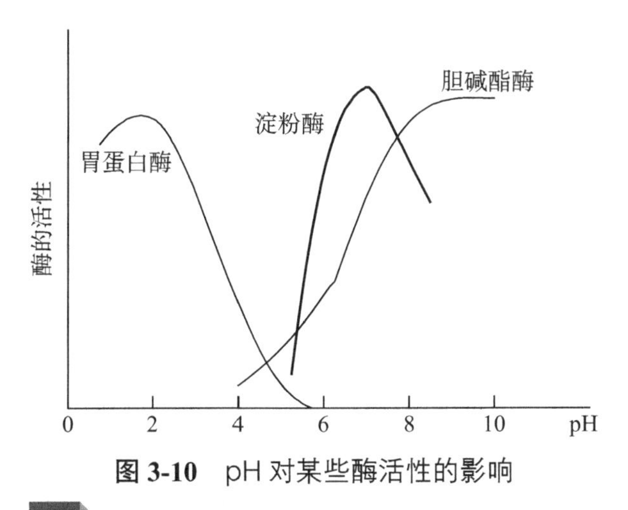

图 3-10 pH 对某些酶活性的影响

一种酶在不同 pH 条件下活性不同，酶促反应速度最大时对应的 pH 称为最适 pH（图 3-10）。生物体内大多数酶的最适 pH 接近中性，但也有例外，如肝精氨酸酶的最适 pH 在 9.8 左右，胃蛋白酶的最适 pH 在 1.8 左右。

溶液的 pH 高于或低于最适 pH 时，酶的活性降低，远离最适 pH 时还会导致酶的变性失活。在测定酶的活性时，应选用适宜的缓冲溶液以保持酶活性的相对恒定。

链接

加酶洗衣粉的正确使用

加酶洗衣粉含有生物催化剂，可分解衣物上的汗渍、奶渍和血污。酶的作用较慢，使用加酶洗衣粉时应将衣物在加酶洗衣粉的水溶液中预浸一段时间，再按正常方法洗涤衣物。加入碱性蛋白酶的洗衣粉，最佳洗涤温度在 40 ～ 50℃，温度过高或过低都会影响洗涤效果。其次，真丝和羊毛衣物不宜使用加酶洗衣粉。因为真丝、羊毛属于蛋白质纤维，而加酶洗衣粉中含有的蛋白酶对真丝、羊毛等动物性纤维有很强的分解作用。另外，碱性蛋白酶可分解皮肤表面蛋白质而使人患湿疹等。

五、激活剂的影响

凡能使酶从无活性变为有活性或使酶活性增加的物质称为酶的激活剂。激活剂主要是无机离子或简单的有机化合物，如 Mg^{2+}、K^{+}、Na^{+}、Ca^{2+}、Fe^{2+}、Zn^{2+}、Cl^{-}、CN^{-}、I^{-} 及胆汁酸盐等。

激活剂分为必需激活剂和非必需激活剂两类。大多数金属离子激活剂对酶促反应是不可缺少的，否则酶将失去催化活性，这类激活剂称为必需激活剂，如 Mg^{2+} 是激酶的必需激活剂；有些激活剂不存在时，酶仍然有一定催化活性，但催化效率较低，加入激活剂后，酶的催化活性显著提高，这类激活剂称为非必需激活剂，如 Cl^- 是淀粉酶的非必需激活剂。

六、抑制剂的影响

凡能降低酶活性但不引起酶蛋白变性的物质称为酶的抑制剂（I）。根据抑制剂与酶结合的紧密程度不同，酶的抑制作用分为不可逆性抑制和可逆性抑制两类。

（一）不可逆性抑制

抑制剂与酶活性中心上的必需基团以共价键结合使酶失去活性，用透析、超滤等物理方法不能将其除去，这种抑制作用称为不可逆性抑制。在临床上可用某些药物解除这种抑制作用，使酶恢复活性。

常见的有机磷农药（如农药敌敌畏、敌百虫、对硫磷等）中毒属于不可逆性抑制。此类农药可与胆碱酯酶活性部位丝氨酸的羟基共价结合，从而使酶失活。胆碱酯酶在体内能催化乙酰胆碱水解，其活性被抑制后，乙酰胆碱不能及时分解而堆积，引起胆碱能神经过度兴奋的中毒症状，如心率变慢、肌痉挛、呼吸困难、流涎等。碘解磷定或氯解磷定与有机磷的亲和力更大，能解除有机磷对胆碱酯酶的抑制，使酶恢复活性，临床上常用来抢救有机磷农药中毒的患者。

某些重金属离子（Hg^{2+}、Ag^+、Pb^{2+}）可与酶分子的巯基（—SH）结合，使含巯基的酶失去活性。化学毒剂路易士气是一种含砷化合物，能抑制体内巯基酶而使人畜中毒。重金属盐引起的巯基酶中毒可用富含巯基的二巯基丙醇或二巯基丁二酸钠解毒。

（二）可逆性抑制剂

此类抑制剂以非共价键与酶或酶 - 底物复合物结合，使酶活性降低或丧失。用透析、超滤等物理方法可将其去除，使酶活性恢复。可逆性抑制又可分为竞争性抑制和非竞争性抑制。

1. 竞争性抑制　抑制剂与底物结构相似，共同竞争酶的活性中心，从而阻碍酶与底物的结合，这种抑制作用称为竞争性抑制，可用反应式表示如下：

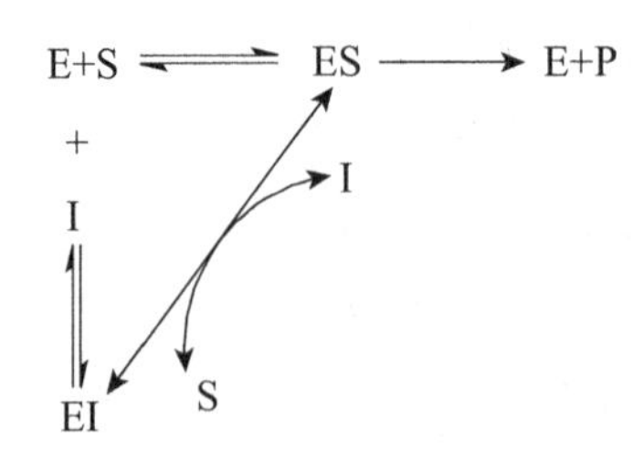

竞争性抑制作用的强弱取决于抑制剂浓度和底物浓度的相对比例。这种抑制作用可以通过增加底物浓度而减弱或解除。最典型的例子是丙二酸对琥珀酸脱氢酶的抑制作用（图 3-11）。丙二酸与琥珀酸的结构相似，是琥珀酸脱氢酶的竞争性抑制剂。当丙二酸浓度增大时，抑制作用增强；而增加琥珀酸的浓度，抑制作用则减弱。

COOH
CH2
COOH
COOH
CH2
CH2
COOH
琥珀酸脱氢酶
COOH
CH
HC
COOH

丙二酸　　琥珀酸　　延胡索酸

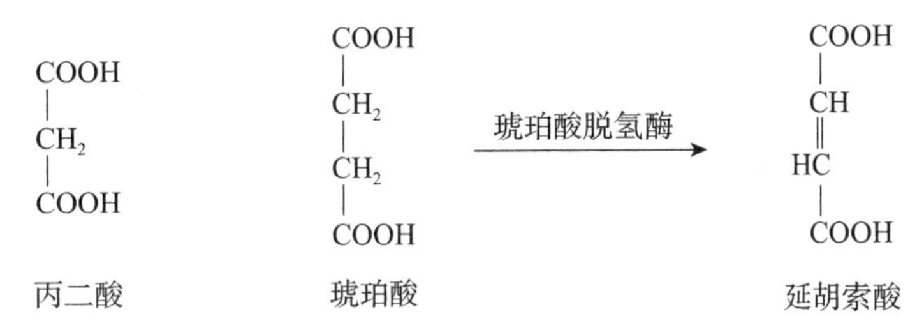

图 3-11　丙二酸对琥珀酸脱氢酶的竞争性抑制作用

竞争性抑制作用的原理应用非常广泛。以磺胺类药物对某些细菌的抑制作用为例。与人和哺乳动物细胞不同，对磺胺类药物敏感的细菌不能直接利用周围环境中的叶酸合成核酸，只能利用对氨基苯甲酸经二氢叶酸合成酶催化合成二氢叶酸，再进一步生成四氢叶酸而参与合成核酸。磺胺类药物与对氨基苯甲酸结构相似（图 3-12），共同竞争二氢叶酸合成酶的活性中心，抑制其活性，影响二氢叶酸的合成，进而使细菌体内四氢叶酸的生成受阻，核酸合成障碍，导致细菌生长繁殖受到抑制。

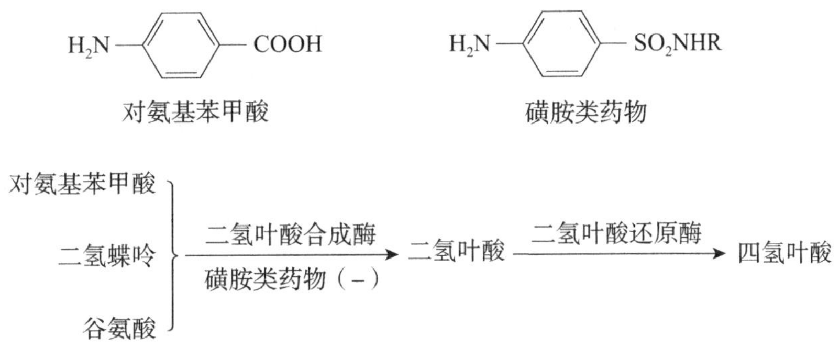

H2N
COOH
对氨基苯甲酸
H2N
SO2NHR
磺胺类药物
对氨基苯甲酸
二氢蝶呤
谷氨酸
二氢叶酸合成酶
磺胺类药物（–）
二氢叶酸
二氢叶酸还原酶
四氢叶酸

图 3-12　磺胺类药物抑菌机制

2. 非竞争性抑制　抑制剂与底物结构不相似，不能与底物竞争酶的活性中心，而是与活性中心以外的必需基团结合，底物与抑制剂间无竞争关系，这种抑制作用称为非竞争性抑制。抑制程度取决于抑制剂本身浓度，不能用增加底物浓度的方法减弱或消除抑制作用。

考点　磺胺类药物的抑菌机制

自 测 题

一、名词解释

1. 酶　2. 酶原激活　3. 酶的活性中心　4. 同工酶

二、单项选择题

1. 酶的化学本质是（　　）
   A. 蛋白质　　B. DNA
   C. RNA　　D. 脂类
   E. 核苷酸

2. 受酶催化的物质称为（　　）
   A. 辅基　　B. 辅酶
   C. 活性中心　　D. 产物
   E. 底物

3. 酶原激活的生理意义在于（　　）

A. 提高酶活性　　B. 使酶不被破坏
C. 加速反应进行　　D. 避免细胞的自身消化
E. 加速酶蛋白和辅酶的结合

4. 酶的活性中心是指（　　）
A. 酶分子的中心部位
B. 辅酶
C. 酶分子的催化基团
D. 酶分子的结合基团
E. 由必需基团构成的，能与底物特异性地结合并将底物转化为产物，具有一定空间构象的区域

5. 同工酶的特点是（　　）
A. 分子结构相同　　B. 催化反应相同
C. K_m 值相同　　D. 理化性质相同
E. 免疫学性质相同

6. 温度对酶促反应影响的正确叙述是（　　）
A. 0℃时酶活性受抑制，温度升高酶活性不能恢复
B. 40℃以后温度越高酶活性越大
C. 低温条件下酶有活性，但活性不大
D. 高温破坏酶活性，降温后酶活性可恢复
E. 酶活性大小与温度高低成正比

7. 磺胺类药物抑制细菌生长属于（　　）
A. 可逆抑制　　B. 竞争性抑制
C. 不可逆抑制　　D. 竞争性抑制剂
E. 反馈抑制

8. 与酶促反应速度成正比关系的影响因素是（　　）
A. 底物浓度
B. 温度
C. 溶液的 pH
D. 抑制剂的浓度
E. 有最适温度及 pH，底物浓度足够大时的酶浓度

9. 所有竞争性抑制作用可通过增加何物而解除（　　）
A. 磺胺　　B. H^+ 浓度
C. 抑制剂浓度　　D. 底物浓度
E. 对氨基苯甲酸

10. 竞争性抑制剂（　　）
A. 与酶蛋白有相似的结构
B. 与底物有相似结构
C. 与辅酶有相同的结构
D. 能与辅酶中的维生素结合
E. 以上都不是

11. 有机磷农药中毒是由于抑制了人体中的（　　）
A. 胆碱酯酶　　B. 谷氨酰胺酶
C. 碱性磷酸酶　　D. 酪氨酸羟化酶
E. 丙酮酸脱氢酶

12. 酶原没有活性是因为（　　）
A. 缺乏辅酶或辅基
B. 酶蛋白肽链合成不完全
C. 酶原是普通蛋白质
D. 酶原已经变性
E. 活性中心未形成或未暴露

13. 全酶是指（　　）
A. 酶蛋白 - 底物复合物
B. 酶蛋白 - 辅助因子复合物
C. 酶蛋白 - 别构剂复合物
D. 酶蛋白的无活性前体
E. 酶蛋白 - 抑制剂复合物

三、问答题

1. 什么叫酶原及酶原的激活？简述酶以酶原形式存在的生理意义。
2. 简述磺胺类药物的抑菌机制。
3. 影响酶促反应速度的因素有哪些？

（唐英辉）

第4章 维生素

第1节 概　　述

维生素是一类维持人体正常生理功能所必需的小分子有机化合物，是人体必需的营养素之一。机体对维生素的每日需要量很少，它既不构成机体组织的组成成分，也不能氧化供能，但是在调节物质代谢和维持正常生理功能等方面发挥着极其重要的作用。维生素在人体内不能合成或合成量甚少，必须由食物供给，如果长期缺乏某种维生素，就会出现维生素缺乏症。

（一）维生素的分类

根据溶解性将维生素分为脂溶性维生素和水溶性维生素两大类。脂溶性维生素有维生素A、维生素D、维生素E、维生素K，它们的共同特点是：不溶于水而溶于脂肪及有机溶剂，伴随脂类物质的吸收而吸收，主要储存于肝脏，摄取过多可引起中毒。水溶性维生素包括维生素B族（B_1、B_2、B_6、B_{12}、叶酸、泛酸、PP、生物素、硫辛酸）和维生素C，它们的共同特点是：溶于水，多数都不能在组织中大量储存，过量的部分会通过尿液排出，易出现缺乏症状。

考点 维生素的概念、分类

（二）维生素缺乏症的原因

1. 维生素摄入量不足　食物中供给的维生素不足或因储存、加工、烹调不合理使维生素破坏或丢失，膳食结构不合理、严重偏食等。

2. 机体吸收障碍　多见于消化系统疾病的患者，如长期腹泻、消化道梗阻及胆道疾病等。

3. 需要量增加　生长期儿童、孕妇、乳母、重体力劳动者及长期高热、慢性消耗性疾病患者对维生素的需要量增加，如得不到及时补充可引起维生素缺乏症。

4. 生成量减少　长期服用抗生素，抑制肠道正常菌群的生长，可引起某些由肠道细菌合成的维生素缺乏，如维生素K、维生素B_6、叶酸等。长期室内活动日光照射不足可使维生素D_3产生不足。

第2节 脂溶性维生素

一、维生素A

（一）来源及性质

维生素A是含β-白芷酮环的不饱和一元醇类，具有强还原性，易被空气中的O_2和紫外线破坏，包括A_1（视黄醇）和A_2（3-脱氢视黄醇）两种，结构如图4-1所示。海水鱼肝主

要含维生素 A_1，淡水鱼肝中主要含维生素 A_2。

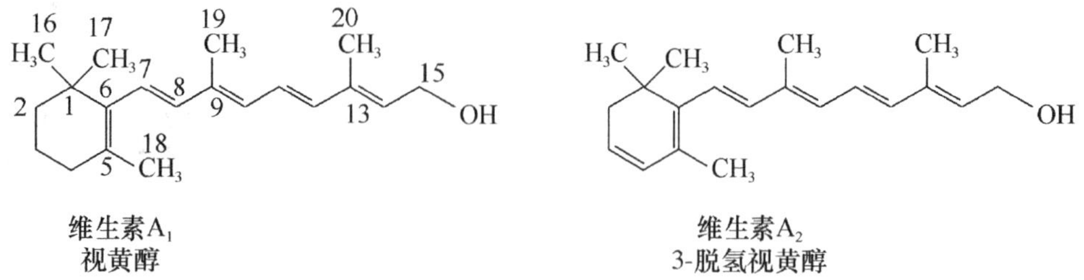

维生素A_1
视黄醇

维生素A_2
3-脱氢视黄醇

图 4-1 维生素 A_1 和 A_2 的分子结构

维生素 A 只存在于动物性食品中，植物性食品均不含维生素 A。动物的肝脏、奶制品、蛋黄等是维生素 A 的主要来源。胡萝卜、玉米等植物性食物中含有 β- 胡萝卜素或玉米黄素等，它们进入人体内后可在肠壁及肝中转变为维生素 A，被称为维生素 A 原。

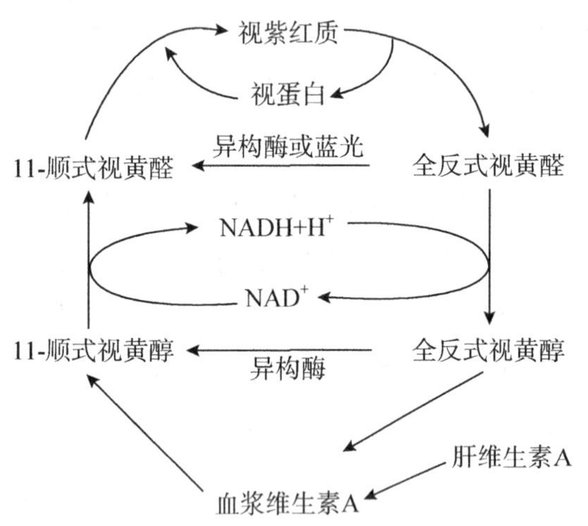

图 4-2 视紫红质的分解与合成

（二）生理功能及缺乏症

1. 构成视觉细胞的感觉物质——视紫红质。视紫红质是视网膜上感受弱光的物质，它是由维生素 A 转变成的 11- 顺式视黄醛与视蛋白结合而成（图 4-2）。当维生素 A 缺乏时，视紫红质合成减少，视网膜对弱光感受性差，暗适应时间延长或在暗处不能辨识物体，导致夜盲症。

2. 维持上皮细胞的完整与健全　维生素 A 与上皮组织中的黏多糖的合成密切相关。当维生素 A 缺乏时，皮肤、呼吸道等的上皮组织干燥、增生、角化，其中以眼、呼吸道、消化道等黏膜上皮的症状最为明显，如泪腺分泌减少，角膜干燥，出现干眼病。故维生素 A 又称为抗干眼病维生素。

3. 促进生长发育　维生素 A 具有类固醇激素的作用，可影响细胞分化，促进生长发育；缺乏时可引起生长停顿、发育不良。

4. 其他作用　维生素 A 是有效的抗氧化剂，有助于控制细胞膜及脂质组织的脂质过氧化。维生素 A 具有抗癌作用，流行病学研究表明，食物中的维生素 A 的摄入量与癌症的发生率呈负相关关系。

维生素 A 摄入过量可引起中毒，其症状主要有头痛、恶心、共济失调等中枢神经系统表现及肝细胞损伤。

考点 维生素 A 别名、维生素 A 原与维生素 A 缺乏症

案例 4-1

明明 2 岁，一直由奶奶和爷爷照顾，两位老人年事已高，行动不便，故很少领孩子到户外活动。最近发现孩子盗汗、夜间常常惊醒，有枕秃。

问题： 1. 该儿童患有哪种营养性疾病？

2. 经常带孩子到室外活动能预防佝偻病吗？

二、维生素D

（一）来源及性质

维生素D种类很多，以维生素D_2（麦角钙化醇）和维生素D_3（胆钙化醇）较常见（图4-3），以维生素D_3最为重要。维生素D_2在酵母中含量较多。维生素D_3在动物肝脏、奶制品、肉类、蛋黄等食物中含量较多。人体皮肤中的7-脱氢胆固醇在紫外线的照射下可转变为维生素D_3，称为D_3原。

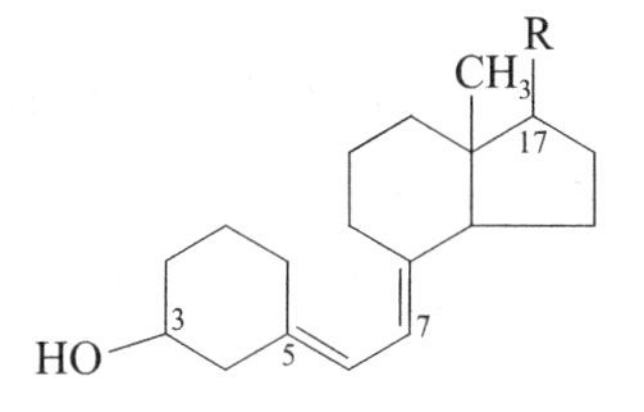

图4-3 维生素D的通式

维生素D_3没有生物学活性，必须在肝、肾两次羟基化生成1, 25-$(OH)_2$-D_3才有活性。1, 25-$(OH)_2$-D_3是维生素D_3的活化形式。

（二）生理功能及缺乏症

1, 25-$(OH)_2$-D_3促进小肠黏膜和肾小管对钙、磷的吸收，促进骨代谢，维持血钙、血磷的平衡。当缺乏维生素D时，成骨作用发生障碍，儿童可发生佝偻病，成人引起软骨病，临床上常用维生素D防治佝偻病、骨软化症及老年性骨质疏松症等。

过量服用维生素D可导致中毒，引起呕吐、食欲减退，血液中钙、磷水平升高，严重的导致钙离子吸收过多，使神经系统和心、肝、肺和肾等出现症状。

考点 维生素D别名、维生素D活性形式与缺乏症

三、维生素E

（一）来源及性质

维生素E是一类与生育有关的维生素，又称生育酚，是由苯骈二氢吡喃及2位上的13C侧链两部分组成（图4-4）。维生素E可分为生育酚和生育三烯酚两大类，每类又根据甲基的数目、位置不同分为α、β、γ和δ四种，其中以α-生育酚的活性最强。α-生育酚是黄色油状物，可溶于乙醇、脂肪和有机溶剂，在无氧条件下对热稳定，对氧非常敏感，易被氧化。

维生素E广泛存在于各种植物油，尤其是麦胚油、玉米油、花生油及棉籽油中含量较多。

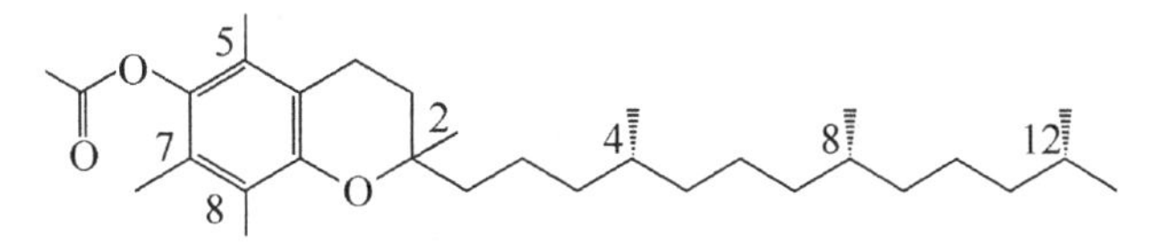

图4-4 维生素E的分子结构

（二）生理功能及缺乏症

1. 抗氧化作用　维生素E是体内重要的抗氧化剂，具有较强的清除自由基的能力。自由基具有强氧化性，易损伤生物膜并促进细胞衰老。维生素E可对抗生物膜上的脂质过氧化所产生的自由基，对生物膜的结构和功能起到保护作用，有抗衰老作用。

2. 促进生育功能　通过动物实验证明，动物在缺乏维生素E时其生殖器官发育受损，严

重时可引起不育，对人类的生殖影响尚不明确。

3. 促进血红素的生成　维生素 E 可提高血红素合成所需的 δ- 氨基 -γ- 酮戊酸（ALA）合成酶和 ALA 脱水酶的活性，促进血红素的生成。

4. 抗肿瘤　维生素 E 主要通过以下几条途径减少肿瘤的发生：①维持机体内氧化与抗氧化系统的平衡；②阻断一些化学致癌物的致癌作用；③提高机体的免疫水平；④抑制某些癌基因的表达。流行病学调查发现，人类维生素 E 的摄取量与乳腺癌的发生呈一定的负相关关系。

5. 其他作用　维生素 E 还具有抗炎、缓解疲劳等作用，另外对慢性肝纤维化也具有延缓和阻断作用。

四、维生素 K

维生素 K 又称凝血维生素，是 2- 甲基 -1，4- 萘醌的衍生物，分布较广。自然界中发现的主要有 K_1 和 K_2 两种形式。其中维生素 K_1 在绿叶植物及动物肝脏含量丰富，维生素 K_2 是人体肠道细菌代谢产物。临床上常用人工合成的维生素 K_3 和维生素 K_4。

维生素 K 作为辅酶在肝脏参与凝血因子Ⅱ、Ⅶ、Ⅸ、Ⅹ的合成。维生素 K 缺乏会导致以上凝血因子减少，造成凝血障碍，可致出血倾向和凝血时间延长，常引起皮下、肌肉、胃肠道出血。因维生素 K 来源广泛，故一般不易缺乏。

考点 维生素 K 别名与缺乏症

第 3 节　水溶性维生素

水溶性维生素包括 B 族维生素和维生素 C，B 族维生素在体内主要构成辅助因子参与物质代谢。

一、维生素 B_1

（一）来源及性质

维生素 B_1 又名硫胺素、抗脚气病维生素。含量丰富的食物有粮谷类、瘦肉、豆类、干果、酵母、坚果、蔬菜、鸡蛋等，尤其在粮谷类的种皮部分含量更高。

维生素 B_1 分子中含有嘧啶环和噻唑环，碱性溶液中易被氧化和受热破坏，吸收后转变为有生物活性焦磷酸硫胺素（TPP），是脱羧酶辅酶的组成部分（图 4-5）。

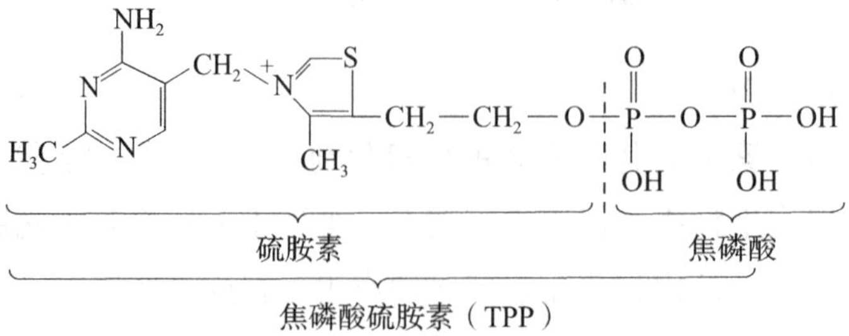

硫胺素　焦磷酸

焦磷酸硫胺素（TPP）

图 4-5　维生素 B_1 和 TPP 的分子结构

（二）生理功能及缺乏症

1. 维生素 B_1 在体内的活性形式 TPP，是 α- 酮酸氧化脱羧酶多酶复合体的辅酶，参与体内 α- 酮酸氧化脱羧反应。维生素 B_1 缺乏时，由于以糖有氧分解供能为主的神经组织供能不足和神经细胞膜髓鞘磷脂合成受阻，导致慢性末梢神经炎和其他神经肌肉变性病变，即脚气病。

2. 维生素 B_1 可抑制胆碱酯酶活性，减少乙酰胆碱水解。乙酰胆碱是神经传导递质，维生素 B_1 缺乏时，乙酰胆碱的分解加强，影响神经传导，可表现为食欲不振、消化不良等。

考点 维生素 B_1 别名、功能、缺乏症

二、维生素 B_2

（一）来源及性质

维生素 B_2 又名核黄素，米糠、酵母、肝、肾、蛋黄、奶及奶制品等是维生素 B_2 丰富的来源。

维生素 B_2 由异咯嗪与核糖醇所组成。维生素 B_2 在体内以黄素单核苷酸（FMN）和黄素腺嘌呤二核苷酸（FAD）形式发挥其生理功能，能可逆地加氢和脱氢，加氢后形成其还原型即 $FMNH_2$ 及 $FADH_2$（图 4-6）。

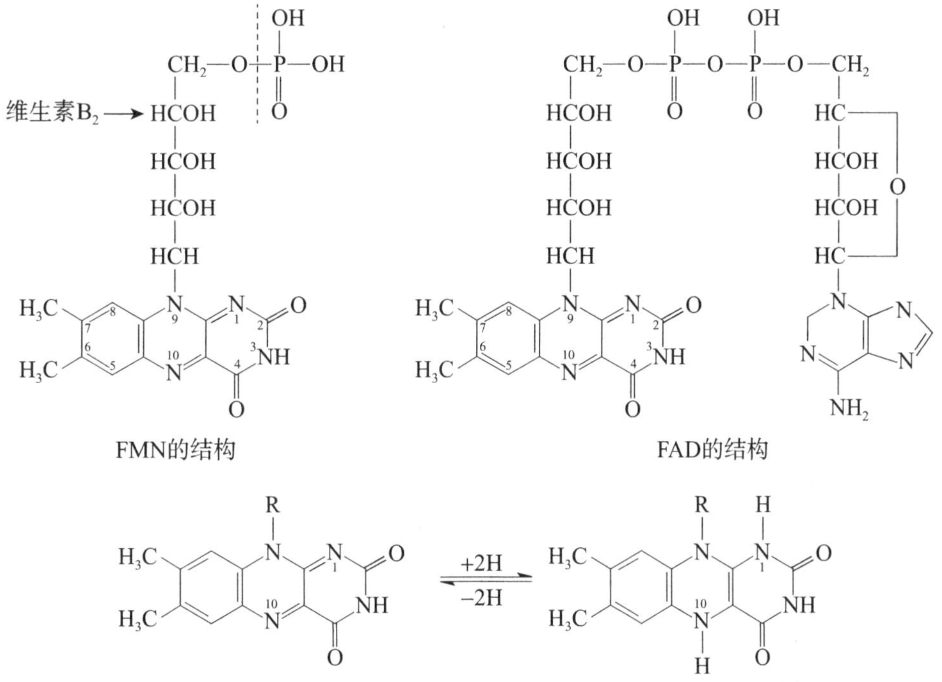

FMN的结构　　FAD的结构

图 4-6 FMN（或 FAD）的结构及维生素 B_2 的递氢作用

（二）生理功能及缺乏症

维生素 B_2 在体内的活性形式是 FMN 及 FAD，是黄素酶的辅基，在体内生物氧化过程中起递氢体的作用。它们参与氧化呼吸链、脂肪酸和氨基酸的氧化及三羧酸循环。维生素 B_2 缺乏时，影响机体的生物氧化，使代谢发生障碍，出现能量和物质代谢紊乱，表现为口角炎、唇炎、舌炎、眼结膜炎和阴囊炎等。

考点 维生素 B_2 别名、功能、缺乏症

三、维生素PP

维生素PP又称抗癞皮病维生素，包括烟酸（尼克酸）和烟酰胺（尼克酰胺）（图4-7）。维生素PP广泛存在于自然界，富含维生素PP的食物有肝脏、肉类、酵母、米糠及豆类。

烟酸 烟酰胺

图4-7 烟酸和烟酰胺的结构

在体内烟酸可转变为烟酰胺，活性形式为烟酰胺腺嘌呤二核苷酸（NAD^+）和烟酰胺腺嘌呤二核苷酸磷酸（$NADP^+$）。NAD^+ 和 $NADP^+$ 是多种不需氧脱氢酶的辅酶，分子中的烟酰胺部分具有可逆加氢及脱氢的特性（图4-8），还原型分别写为 $NADH+H^+$ 和 $NADPH+H^+$。

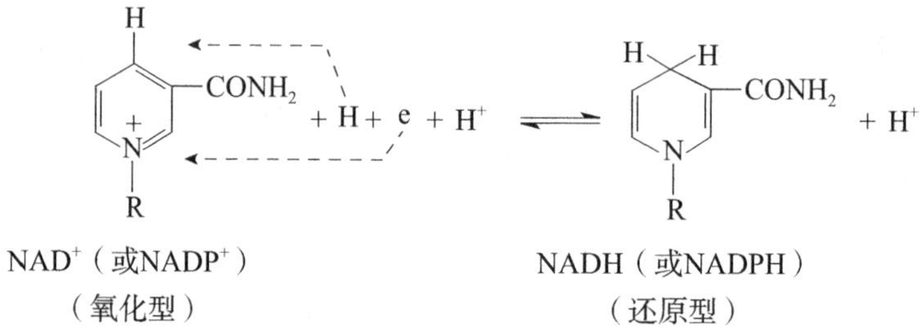

NAD^+（或$NADP^+$）（氧化型） $+ H + e + H^+ \rightleftharpoons$ NADH（或NADPH）（还原型） $+ H^+$

图4-8 NAD^+（或 $NADP^+$）的结构

缺乏维生素PP易引起糙皮病，早期常有食欲不振、消化不良、腹泻、失眠、头痛、无力、体重减轻等现象，典型症状为皮炎、腹泻及痴呆等症状。抗结核药物异烟肼的结构与维生素PP相似，两者有拮抗作用。长期服用异烟肼可能引起维生素PP缺乏。

考点 维生素PP别名、功能、缺乏症

四、维生素B_6

（一）来源及性质

维生素B_6包括吡哆醇、吡哆醛及吡哆胺（图4-9），皆为吡啶的衍生物，广泛存在于麦胚芽、米糠、大豆、酵母、蛋黄、肝脏、鱼、肉中。

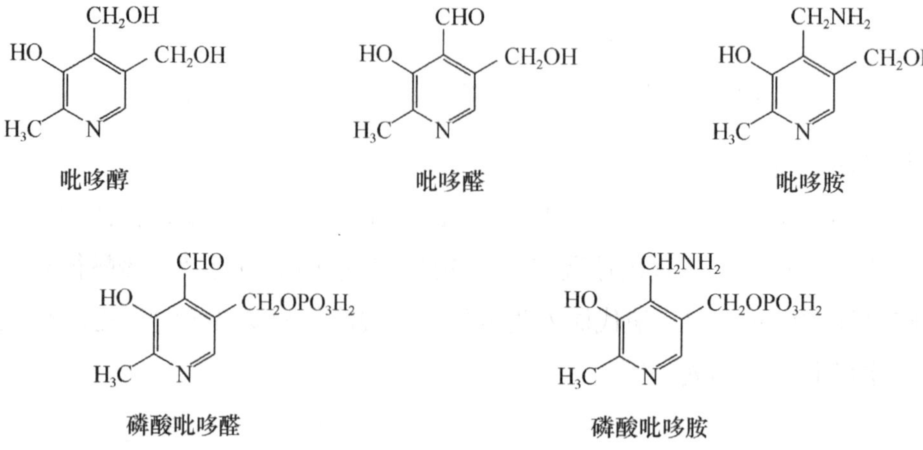

吡哆醇 吡哆醛 吡哆胺

磷酸吡哆醛 磷酸吡哆胺

图4-9 维生素B_6及其活性形式

（二）生理功能及缺乏症

活性形式是磷酸吡哆醛和磷酸吡哆胺，两者可相互转变（图 4-10）。

1. 磷酸吡哆醛是氨基酸氨基转移酶的辅酶，在氨基转移作用中起载运氨基的作用。

2. 磷酸吡哆醛是谷氨酸脱羧酶的辅酶，促进大脑谷氨酸脱羧生成抑制性神经递质 γ- 氨基丁酸，临床上用维生素 B_6 治疗小儿惊厥、妊娠呕吐和精神焦虑等。

3. 磷酸吡哆醛是 ALA 的辅酶，ALA 是血红素合成的限速酶。维生素 B_6 缺乏时血红素合成受阻，造成低色素小细胞性贫血和血清铁增高。

人类中未发现维生素 B_6 缺乏的典型病例。抗结核药物异烟肼能与磷酸吡哆醛结合，使其失去辅酶的作用，所以在长期或大剂量使用异烟肼时，应补充维生素 B_6。

考点 维生素 B_6 活性形式及功能、缺乏症

五、泛　　酸

泛酸又称遍多酸，来源广泛，普遍存在于动植物中。泛酸由二甲基羟丁酸和β- 丙氨酸组成，是辅酶 A（CoA）及酰基载体蛋白（ACP）的组成部分（图 4-10）。

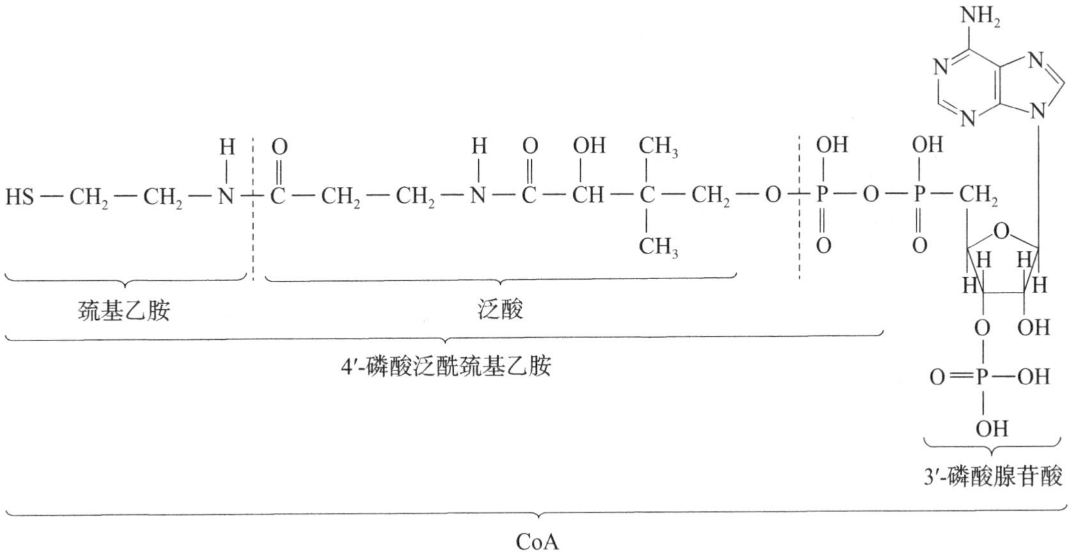

$HS-CH_2-CH_2-NH-CO-CH_2-CH_2-NH-CO-CH(OH)-C(CH_3)_2-CH_2-O-PO(OH)-O-PO(OH)-CH_2$-（腺苷，3′-磷酸）

硫基乙胺　泛酸　4′-磷酸泛酰巯基乙胺　3′-磷酸腺苷酸　CoA

图 4-10　泛酸及 CoA 的结构

CoA 是酰基转移酶的辅酶，具有转移酰基的作用，在糖、脂类、蛋白质代谢及肝的生物转化中起着相当重要的作用。

考点 泛酸的功能

六、生 物 素

生物素来源极广泛，存在于酵母、肝、蛋类、花生、牛奶和鱼类中，人体肠道细菌也能合成。

生物素为含硫维生素，其结构可视为由尿素与硫戊烷环结合而成（图 4-11）。

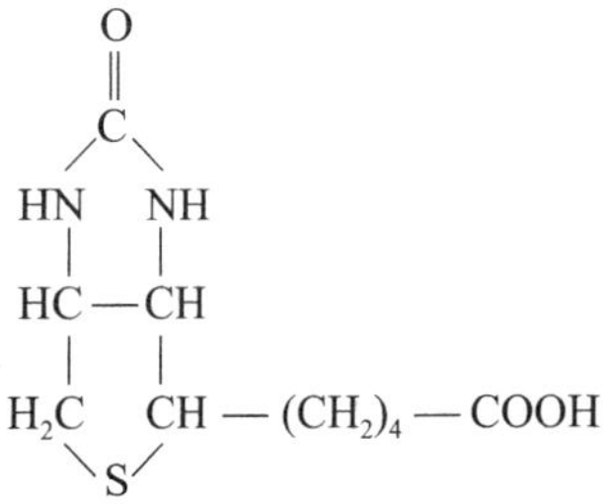

H_2C　$CH-(CH_2)_4-COOH$（O=C，HN，NH，HC—CH，S）

图 4-11　生物素的结构

生物素是体内多种羧化酶的辅酶，在 CO_2 固定反应中起重要

作用，如作为丙酮酸羧化酶、乙酰 CoA 羧化酶的辅酶。

生物素很少出现缺乏症，生鸡蛋中有一种抗生物素蛋白，能与生物素结合而妨碍其吸收。另外，长期使用抗生素可抑制肠道细菌生长，也可能造成生物素的缺乏。

七、叶　　酸

（一）来源及性质

叶酸分子是由蝶啶、对氨基苯甲酸与 *L*- 谷氨酸连接而成（图 4-12），又称蝶酰谷氨酸（PGA），在绿叶蔬菜、水果，动物肝、肾，酵母中含量较多。

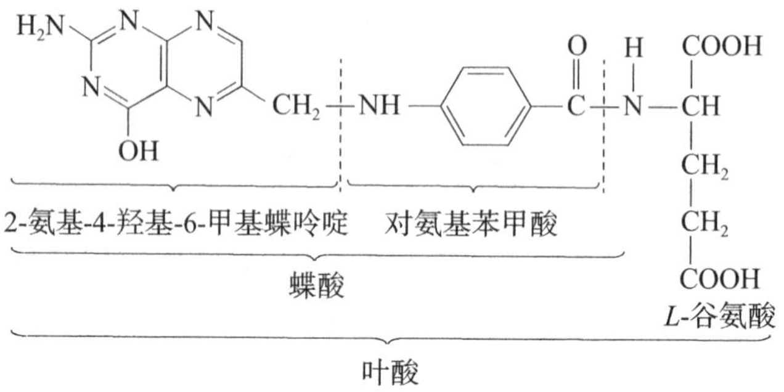

2-氨基-4-羟基-6-甲基蝶呤啶　对氨基苯甲酸
蝶酸
L-谷氨酸
叶酸

图 4-12　叶酸的结构

（二）生理功能及缺乏症

叶酸的活性形式是四氢叶酸（FH_4）。

$$\text{叶酸（F）} + NADPH \rightarrow 5, 6\text{- 二氢叶酸（}FH_2\text{）} + NADP^+$$

$$FH_2 + NADPH \rightarrow 5, 6, 7, 8\text{- 四氢叶酸（}FH_4\text{）} + NADP^+$$

FH_4 是一碳单位的载体，参与嘌呤、胸腺嘧啶、核苷酸等多种物质的合成，因此在核酸的生物合成和蛋白质的生物合成过程中有极其重要的作用。叶酸缺乏时，DNA 合成受到抑制，骨髓幼红细胞 DNA 合成减少，细胞分裂速度降低，幼红细胞体积变大，造成巨幼红细胞性贫血。

考点　维生素叶酸的功能、缺乏症

八、维生素 B_{12}

（一）来源及性质

维生素 B_{12} 又称钴胺素，是唯一含金属元素的维生素。主要来源于动物性食物，肝脏为维生素 B_{12} 的最好来源，其次为奶、肉、蛋、鱼、心、肾等。植物性食物不含维生素 B_{12}，故严格素食者易患维生素 B_{12} 缺乏症。

（二）生理功能及缺乏症

维生素 B_{12} 的活性形式是甲基钴胺素。甲基钴胺素是甲基移换酶的辅酶，参与甲基的转移，在体内参与同型半胱氨酸甲基化生成甲硫氨酸和四氢叶酸的反应。当维生素 B_{12} 缺乏时，影响 FH_4 的再利用，导致巨幼红细胞贫血。

考点　维生素 B_{12} 的功能、缺乏症

案例 4-2

某客轮远航，在海上突遇暴风雨，漂泊近4个月，所带食物有限，蔬菜和水果已全部食用完，完全靠罐头食品维持日常饮食，结果成年人大多出现面色苍白、倦怠无力、食欲减退等症状，儿童则表现出易怒、低热、呕吐和腹泻等体征。

问题： 1. 轮船上乘客的症状可能是由哪种营养素缺乏引起的？

2. 该种营养素缺乏的分析判定要点是什么？

九、维生素C

（一）来源及性质

维生素 C 又称抗坏血病维生素或抗环血酸，为酸性己糖衍生物，即结构为含六个碳原子的酸性多羟基化合物（图 4-13）。

维生素C

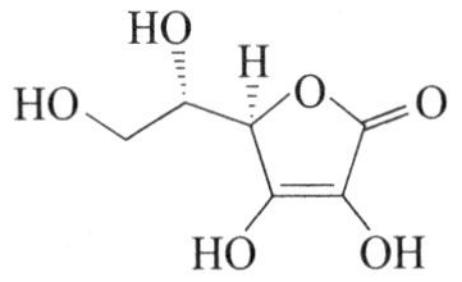

HO H HO O O HO OH

图 4-13 维生素 C 的结构

维生素 C 主要来源于新鲜蔬菜和水果。植物中的抗坏血酸氧化酶可将维生素 C 氧化灭活为二酮古洛糖酸，故久存的水果、蔬菜中的维生素C的含量大量减少。维生素C对氧和热不稳定，烹饪不当可引起维生素C的丢失。

（二）生理功能及缺乏症

1. 参与羟化反应　维生素 C 是羟化酶的辅酶，参与体内多种羟化反应。

（1）促进胶原蛋白合成：维生素 C 是催化胶原蛋白合成的脯氨酸羟化酶和赖氨酸羟化酶维持活性所必需的辅助因子。胶原蛋白是结缔组织、骨和毛细血管的重要组成成分，维生素 C 缺乏时，胶原蛋白合成障碍，表现为毛细血管脆性增加、皮肤出现瘀点，牙龈肿胀与出血，牙齿松动、脱落，伤口愈合不良，易骨折等症状，严重时可导致人的死亡，称为坏血病。

（2）参与胆固醇转化：维生素 C 是胆汁酸合成的限速酶（7α- 羟化酶）的辅酶，参与胆固醇在肝脏转化成胆汁酸。

（3）参与芳香族氨基酸代谢：维生素 C 参与了苯丙氨酸羟化生成酪氨酸的反应，酪氨酸羟化、脱羧生成对羟苯丙酮酸的反应等。维生素 C 还参与了酪氨酸转变为儿茶酚胺，色氨酸转变为 5- 羟色胺的反应。

2. 参与体内的氧化还原反应　由于维生素 C 能可逆地脱氢、加氢，在体内氧化还原反应中发挥重要作用。

（1）保护巯基作用：体内巯基酶的巯基（—SH）如果被铅等重金属离子结合则会失活，维生素 C 可使谷胱甘肽氧化型 G—S—S—G 转变为还原性 G—SH，由 G—SH 与金属离子结合而排出体外，使巯基酶—SH 受到保护，故维生素 C 常用于防治铅、汞、砷、苯等慢性中毒。细胞膜中不饱和脂肪酸易被氧化为脂质过氧化物，维生素 C 将谷胱甘肽氧化型 G—S—S—G 转变为还原型 G—SH，G—SH 可与脂质过氧化物反应，保护细胞膜不受损伤。

（2）其他作用：维生素 C 能促进淋巴细胞免疫球蛋白的合成从而增强机体免疫力；维生素 C 能促使三价铁（Fe^{3+}）还原为易被肠黏膜细胞吸收的二价铁（Fe^{2+}），有利于机体吸收铁；维生素 C 能将高铁血红蛋白（MHb）还原为血红蛋白（Hb）而恢复其运输氧的能力等。

考点 维生素 C 别名、功能、缺乏症

自测题

一、名词解释

维生素

二、单项选择题

1. 关于维生素，下列描述正确的是（　　）
   A. 维生素是一类维持人体正常生理功能所必需的生物大分子
   B. 机体对维生素的每日需要量很多
   C. 维生素是构成机体组织的组成成分
   D. 维生素可以氧化产能，为机体提供能量
   E. 维生素在人体内不能合成或合成量甚少，必须由食物供给
2. 下列维生素中属于脂溶性维生素的有（　　）
   A. 维生素 C　B. 维生素 D
   C. 维生素 PP　D. 叶酸
   E. 维生素 B_{12}
3. 脚气病是由于缺乏哪种维生素引起的（　　）
   A. 维生素 B_2　B. 维生素 K
   C. 维生素 D　D. 维生素 B_{12}
   E. 维生素 B_1
4. 缺乏后可能引起成人患软骨病的维生素是（　　）
   A. 维生素 A　B. 维生素 D
   C. 维生素 E　D. 叶酸
   E. 维生素 C
5. 患营养性巨幼红细胞贫血的原因是（　　）
   A. 维生素 A 缺乏
   B. 铁缺乏
   C. 维生素 C 和锌缺乏
   D. 维生素 B_{12} 和叶酸缺乏
   E. 维生素 B_1 缺乏
6. 维生素 C 缺乏易患（　　）
   A. 坏血病　B. 佝偻病
   C. 癞皮病　D. 骨软化症
   E. 口角炎
7. 能够通过晒太阳获得的维生素是（　　）
   A. 维生素 A　B. 维生素 C
   C. 维生素 D　D. 维生素 K
   E. 维生素 E
8. 维生素 A 缺乏容易引起（　　）
   A. 夜盲症　B. 坏血病
   C. 新生儿溶血　D. 佝偻病
   E. 舌炎
9. 维生素 B_2 常见的辅基形式是（　　）
   A. NAD^+　B. $NADP^+$
   C. TPP　D. FAD
   E. 吡哆醛
10. 泛酸是下列哪种辅酶的组成成分（　　）
    A. FMN　B. CoA
    C.TPP　D. NAD^+
    E. FAD
11. 被称为抗干眼病维生素的是（　　）
    A. 维生素 A　B. 叶酸
    C. 维生素 B_2　D. 维生素 B_1
    E. 维生素 B_6
12. 维生素 B_1 主要参与构成的辅酶是（　　）
    A. TPP　B. NADPH
    C. FAD　D. 磷酸吡哆醛
    E. 甲基钴胺素

（张　健）

第5章 生物氧化

第1节 生物氧化的概述

一、生物氧化的概念

物质在生物体内进行的氧化分解过程称为生物氧化。生物氧化在细胞的线粒体内及线粒体外均可进行，但氧化过程不同。线粒体内的生物氧化体系主要和糖、脂肪、蛋白质等三大营养物质的氧化有关，伴有 ATP 的生成，主要表现为细胞内氧的消耗及水和二氧化碳的产生，又称为细胞呼吸；而线粒体外（如微粒体、过氧化物酶体、超氧化物歧化酶等）进行的氧化不伴有 ATP 的生成，主要和非营养物质如药物、毒物或代谢物在体内的生物转化有关。

考点 生物氧化的定义

二、生物氧化的特点

体内生物氧化与体外氧化的化学本质基本相同，包括加氧、脱氧、失电子等。但体内生物氧化自身还具有以下特点。①反应条件温和：有 H_2O 参加的条件下，反应温度为 37℃左右、pH 约为 7.4。②在酶的催化下能量逐步释放：一部分通过热能形式维持体温，另一部分则以高能化合物（如 ATP）的形式储存和利用。③氧化的方式以脱氢氧化为主。④经过呼吸链将代谢物脱下的氢与 O_2 结合成 H_2O。⑤有机酸通过脱羧反应生成 CO_2。

考点 生物氧化的特点

三、生物氧化中 CO_2 的生成

生物氧化过程中糖、脂肪、蛋白质等物质会分解产生许多不同的有机酸，在酶的作用下某些有机酸可脱去羧基生成 CO_2。根据脱去羧基的位置不同，可将脱羧反应分为 α- 脱羧和 β- 脱羧两种；又根据脱羧反应是否伴随氧化反应，分为单纯脱羧和氧化脱羧（表 5-1）。

表 5-1 有机酸的脱羧

脱羧方式		相关反应
α- 脱羧	α- 氧化脱羧	$R-CH(NH_2)-COOH \xrightarrow{\text{氨基酸脱羧酶}} R-CH_2-NH_2 + CO_2$ α-氨基酸 → 胺
	α- 单纯脱羧	$CH_3COCOOH + HSCoA + NAD^+ \xrightarrow{\text{丙酮酸脱氢酶系}} CH_3CO\sim SCoA + NADH + H^+ + CO_2$ α 丙氨酸 → 乙酰辅酶A

续表

脱羧方式		相关反应
β-脱羧	β-单纯脱羧	$HOOCCH_2COCOOH$（β-草酰乙酸）$\xrightleftharpoons{\text{草酰乙酸脱羧酶}}$ $H_3CCOCOOH$（丙酮酸）$+ CO_2$
	β-氧化脱羧	$HOOCCH_2CH(OH)COOH$（β-苹果酸）$+ NADP^+ \xrightleftharpoons{\text{苹果酸脱氢酶}} H_3CCOCOOH$（丙酮酸）$+ NADPH + H^+ + CO_2$

考点 CO_2 的生成方式

第 2 节　线粒体氧化体系

一、呼吸链的概念

体内物质进行彻底氧化的重要场所是线粒体。线粒体内膜上存在的一系列酶或者辅助因子等传递体，能将代谢物脱下的氢传递，最终与氧结合生成水，此过程与细胞利用 O_2 的过程密切相关，故又称为呼吸链。

考点 呼吸链概念

二、呼吸链的基本组成成分

呼吸链由以下五类物质组成，包括以 NAD^+ 或 $NADP^+$ 为辅酶的不需氧脱氢酶、以 FMN 或 FAD 为辅基的黄素蛋白、泛醌（Q）、铁硫蛋白（Fe-S）、细胞色素（Cyt）。

（一）烟酰胺脱氢酶

烟酰胺腺嘌呤二核苷酸（NAD^+）和烟酰胺腺嘌呤二核苷酸磷酸（$NADP^+$）是不需氧脱氢酶的辅酶。主要功能是递氢，此类辅酶是递氢体，是连接代谢物与呼吸链的重要环节。

$$NAD^+ \underset{-2H}{\overset{+2H}{\rightleftharpoons}} NADPH{+}H^+$$

（二）黄素蛋白

黄素蛋白又称黄素酶，其辅基包括黄素单核苷酸（FMN）和黄素腺嘌呤二核苷酸（FAD），两者分子中均含有核黄素（即维生素 B_2），该部分能可逆地加氢和脱氢，是递氢体。

$$FMN \underset{-2H}{\overset{+2H}{\rightleftharpoons}} FMNH_2$$

$$FAD \underset{-2H}{\overset{+2H}{\rightleftharpoons}} FADH_2$$

（三）泛醌

泛醌又名辅酶 Q，是一种广泛存在于生物界的脂溶性醌类化合物，其分子中含有的苯醌结构能可逆地加氢和脱氢，是递氢体。辅酶 Q 接受 2 个氢原子后，将氢分解成两个质子和两个电子，把电子传递给下一个传递体，而将质子留在线粒体基质中。

$$CoQ \underset{-2H}{\overset{+2H}{\rightleftharpoons}} CoQH_2^+ + 2e$$

（四）铁硫蛋白

铁硫蛋白（Fe-S）的铁能可逆地获得和丢失电子而实现电子传递，每次只能传递一个电子，是电子传递体。在呼吸链中，铁硫蛋白常与黄素蛋白或细胞色素 b 结合成复合体存在。

$$Fe^{3+} \underset{-e}{\overset{+e}{\rightleftharpoons}} Fe^{2+}$$

（五）细胞色素

细胞色素（Cyt）广泛分布于需氧生物线粒体内膜上，是一大类以铁卟啉为辅基的结合蛋白质。在呼吸链中，细胞色素依靠铁卟啉中的铁可逆地接受电子和供出电子，属于递电子体。呼吸链上的细胞色素有 b、c_1、c、a、a_3 等，呼吸链中传递电子的顺序是 Cytb → $Cytc_1$ → Cytc → $Cytaa_3$，其中细胞色素 a、a_3 很难分开，组成复合体称为细胞色素 aa_3。它接受电子后直接将电子传递给氧，将氧激活为氧离子（O^{2-}），故细胞色素 aa_3 称为细胞色素氧化酶。

$$CytFe^{3+} \underset{-e}{\overset{+e}{\rightleftharpoons}} CytFe^{2+}$$

考点 呼吸链的基本组成成分

三、体内重要的呼吸链

线粒体内有两条重要的呼吸链，分别是 NADH 氧化呼吸链和 $FADH_2$ 氧化呼吸链。两条呼吸链的组成不同，产生的 ATP 数量也不同。

（一）NADH 氧化呼吸链

NADH 氧化呼吸链是线粒体内的主要呼吸链，该途径因以 NADH 作为起始而得名，从 $NADH+H^+$ 开始到还原 O_2 生成 H_2O，由 NAD^+、FMN、Fe-S、CoQ、Cyt（b、c_1、c、aa_3）组成，该链也是产能最多的一条呼吸链，体内多数代谢物如丙酮酸、乳酸及苹果酸等脱下的氢都通过 NADH 氧化呼吸链氧化。

（二）$FADH_2$ 氧化呼吸链

$FADH_2$ 氧化呼吸链由黄素蛋白（FAD 为辅基）、泛酮、细胞色素组成。代谢物（如琥珀酸）脱下氢由 FAD 接受，生成 $FADH_2$，再将 2H 传递给 Q 形成 QH_2，再往下的传递与 NADH 氧化呼吸链相同。

两条呼吸链的递氢、递电子顺序汇总如下：

琥珀酸
↓
FAD
（Fe-S）
↓
AH_2 → NADH → FMN → CoQ → Cytb → $Cytc_1$ → Cytc → $Cytaa_3$ → O_2
（Fe-S）
↓ A　　↓ 2H - - - - - - - - - - - - ↓ H_2O

考点 体内重要的呼吸链种类

第3节　ATP生成与能量的利用和转移

一、高能化合物

生物体内氧化分解过程中，一些化合物通过能量转移得到了部分能量，这类储存了较高能量的化合物称为高能化合物。生物氧化过程中释放的能量大约40%以化学能的形式通过形成磷酸酯键储存于一些特殊的化合物中。这些磷酸酯键水解时释放能量较多（大于21kJ/mol），一般称为高能磷酸键，常用“～P”符号表示。含有高能磷酸键的化合物称为高能磷酸化合物。在体内所有高能磷酸化合物中，以ATP末端的磷酸键最为重要。

二、ATP生成方式

体内生成ATP的方式有两种，即底物水平磷酸化和氧化磷酸化。

（一）底物水平磷酸化

含高能磷酸键的底物在酶的催化下，直接将高能键转移给ADP生成ATP的过程，称为底物水平磷酸化。例如：糖代谢中三次底物磷酸化的反应。

1, 3-二磷酸甘油醛 ⇌（磷酸甘油酸激酶；ADP → ATP）3-磷酸甘油酸

磷酸烯醇式丙酮酸 →（丙酮酸激酶；ADP → ATP）丙酮酸

琥珀酰辅酶A ⇌（琥珀酸硫激酶；GDP+Pi → GTP）琥珀酸

（二）氧化磷酸化

氧化磷酸化是指代谢物脱下的氢经呼吸链传递给O_2生成水的过程中释放能量，并使ADP磷酸化生成ATP的过程。体内通过底物水平磷酸化生成的ATP很少，很难满足机体需要。氧化磷酸化是机体内ATP生成的主要方式。

实验证实，代谢物脱下的2H经NADH氧化呼吸链传递每生成1分子水的同时，生成2.5分子ATP，经$FADH_2$氧化呼吸链传递，生成1.5分子ATP。

氧化磷酸化的偶联部位如图5-2。

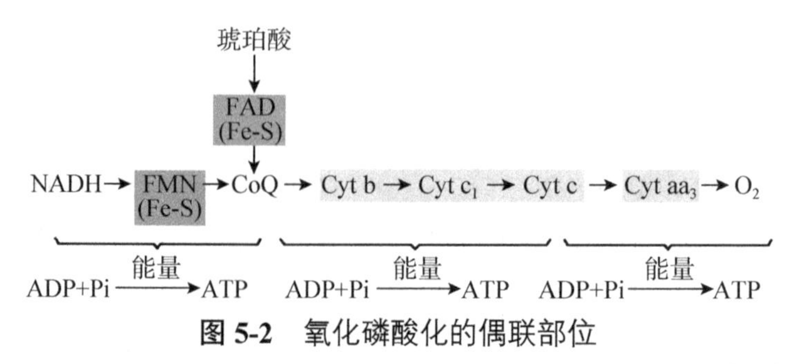

图5-2　氧化磷酸化的偶联部位

考点　氧化磷酸化的概念

三、影响氧化磷酸化的因素

（一）ADP/ATP 比值的影响

ADP 和 ATP 的相对比值是调节氧化磷酸化的最重要因素，ADP 和 ATP 两者存在“此消彼长”的关系。当 ADP 升高或 ATP 降低时，氧化磷酸化加速；反之，当 ADP 降低或 ATP 升高时，氧化磷酸化减慢。这种调节作用可以使 ATP 的生成速度适应机体能量的生理需要。

（二）甲状腺激素的影响

甲状腺激素对氧化磷酸化没有直接影响，但可以通过激活细胞膜上的 Na^{+}，K^{+}-ATP 酶，使 ATP 加速分解为 ADP 和 Pi，促使氧化磷酸化速度加快。

（三）抑制剂的作用

氧化磷酸化作为机体产能的重要方式，若受到抑制可以直接影响生命。氧化磷酸化的抑制剂主要包括解偶联剂、呼吸链抑制剂。

1. 解偶联剂　使氧化与磷酸化的偶联过程脱节是解偶联剂的作用机制。所以体内物质氧化正常进行，氧化过程中释放的能量全部以热能形式散发，并不能储存于 ATP 分子中。常见的解偶联剂有 2, 4- 二硝基苯酚（DNP）、水杨酸等。例如，急性上呼吸道感染等疾病，患者体温升高，就是细菌或病毒释放解偶联物质，导致机体严重的产能增多所致。

2. 呼吸链抑制剂　此类抑制剂可分别抑制呼吸链的不同部位，使呼吸链中断进而影响氧化磷酸化和 ATP 的生成。常见的有粉蝶霉素 A、鱼藤酮、异戊巴比妥、抗霉素 A、CO、氰化物等。

常见的呼吸链抑制剂及其作用部位如图 5-3 所示。

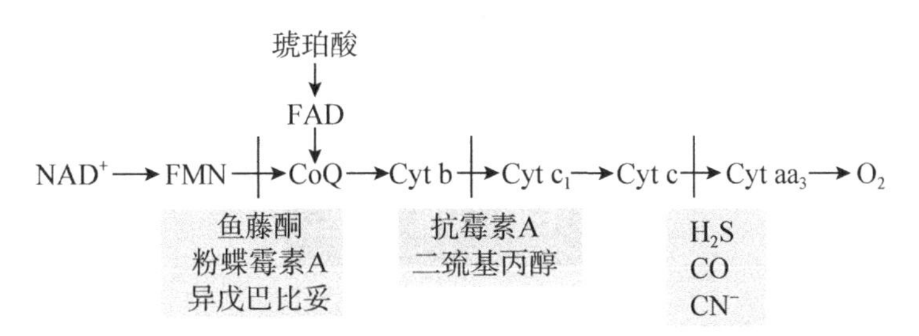

图 5-3　常见的呼吸链抑制剂及其作用部位

考点 氧化磷酸化的影响因素

四、ATP 利用及能量转移

1. 能量的转移　在生理条件下，通过 ATP 和 ADP 的迅速相互转化来实现能量的转移，这种方式是体内能量转换最基本的形式。生物氧化过程释效的能量使 ADP 磷酸化生成 ATP，当机体进行生理活动时，ATP 分解为 ADP 和 Pi，释放出能量供机体所利用。

$$\text{ADP+Pi} \underset{2H}{\overset{2H}{\rightleftharpoons}} \text{ATP}$$

某些合成代谢中需要其他三磷酸核苷供能，如糖原合成由 UTP 直接供能；磷脂合成需要由 CTP 供能，蛋白质合成由 GTP 直接供能。但是这些高能磷酸化合物的生成和补充均有赖于 ATP，如下所示：

$$UDP+ATP \rightarrow UTP+ADP$$

$$CDP+ATP \rightarrow CTP+ADP$$

$$GDP+ATP \rightarrow GTP+ADP$$

2. 能量的储存和利用　ATP 稳定性差且不易储存，当 ATP 合成超量时，在肌肉和脑组织中，ATP 可将其高能磷酸键（～P）转移给肌酸，以磷酸肌酸（C～P）的形式储存，此反应由肌酸激酶（CK）催化。当机体能量供应不足时，磷酸肌酸将储存的能量释放，磷酸肌酸所含的高能磷酸键虽然性质稳定，但不能直接被利用，当肌肉和脑组织中 ATP 不足时，磷酸肌酸可将其高能磷酸键转移给 ADP 生成 ATP，为生理活动提供能量，满足生命活动需要，因此，磷酸肌酸为能量重要的储存方式，被称为人体的“蓄电池”，如图 5-4 所示。

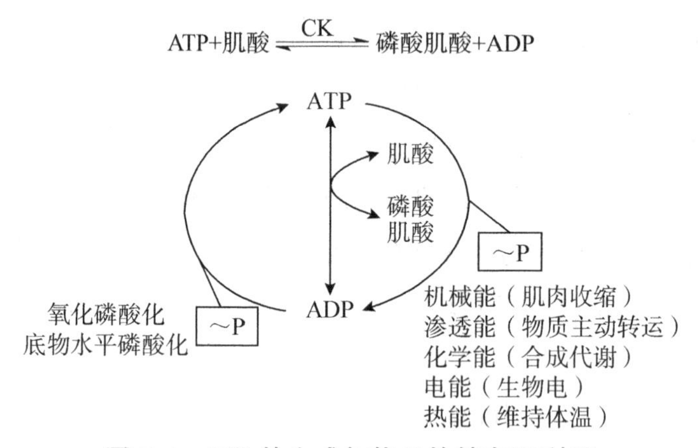

图 5-4　ATP 的生成与能量的储存和利用

自 测 题

一、名词解释

1. 生物氧化　2. 呼吸链　3. 氧化磷酸化

二、单项选择题

1. 不能接受氢的物质是（　　）

A. NAD　　B. CoQ

C. Cyt　　D. FMN

E. FAD

2. NADH 氧化呼吸链的排列顺序为（　　）

A. $NAD^+ \rightarrow FMN \rightarrow CoQ \rightarrow Cyt$

B. $NAD^+ \rightarrow FMN \rightarrow Cyt \rightarrow CoQ$

C. $NAD^+ \rightarrow FAD \rightarrow Cyt \rightarrow CoQ$

D. $FAD \rightarrow NAD \rightarrow CoQ \rightarrow Cyt$

E. $NAD^+ \rightarrow FAD \rightarrow FMN \rightarrow Cyt$

3. 各种细胞色素在呼吸链中的排列顺序是（　　）

A. $c \rightarrow c_1 \rightarrow b \rightarrow aa_3$　　B. $c \rightarrow b_1 \rightarrow c_1 \rightarrow aa_3$

C. $b \rightarrow c_1 \rightarrow c \rightarrow aa_3$　　D. $b \rightarrow c \rightarrow c_1 \rightarrow aa_3$

E. $c_1 \rightarrow c \rightarrow b \rightarrow aa_3$

4. ATP 的主要生成方式是（　　）

A. 肌酸磷酸化　　B. 氧化磷酸化

C. 糖的磷酸化　　D. 底物水平磷酸化

E. 有机酸脱羧

5. 当 ATP 合成超量时，在肌肉和脑组织中，能量储存的形式是（　　）

A. 肌酸　　B. 葡萄糖

C. ATP　　D. GTP

E. C ～ P

6. 代谢物脱下的2H经NADH氧化呼吸链传递，每生成1分子水可生成ATP的数目为（　　）

A. 1　　B. 1.5

C. 2　　D. 2.5

E. 3

7. 琥珀酸脱下的2H经呼吸链传递，每生成1分子水可生成ATP的数目为（　　）

A. 1　　B. 1.5

C. 2　　D. 2.5

E. 3

8. 氧化磷酸化发生的部位是（　　）

A. 线粒体　　B. 内质网

C. 细胞质　　D. 细胞核

E. 溶酶体

（晁相蓉）

第6章 糖代谢

糖是指多羟基醛或酮及它们的衍生物或多聚物组成的一类有机化合物，广泛存在于生物体内。

糖在人体内有多种重要的生理功能。①氧化供能是糖的主要功能。人体每日所需能量的50%～70%是由糖氧化分解供给的。②糖是机体重要的碳源。糖分解代谢的中间产物可在体内转变成多种非糖物质，如非必需氨基酸、脂肪酸和核苷酸等。③糖也是构成人体组织结构的重要成分。例如，糖与蛋白质结合形成的糖蛋白或蛋白聚糖是构成结缔组织的成分；与脂类结合形成的糖脂是构成神经组织和细胞膜的成分等。④糖与蛋白质结合形成的一些糖蛋白，在体内具有特殊的生理功能，如某些激素、酶、免疫球蛋白、血型物质、凝血因子等。除此之外，糖的磷酸衍生物可以形成多种重要的生物活性物质，如ATP、NAD^+、FAD、DNA和RNA等。

食物中的糖主要由多糖、双糖和单糖三大类构成。植物中的多糖主要为淀粉，其次还有纤维素；动物体内的多糖主要为糖原，包括肝糖原和肌糖原。双糖中最常见的为蔗糖、麦芽糖和乳糖等。单糖中的葡萄糖、果糖、半乳糖等对人体最为重要。

只有单糖能被肠壁吸收，所以食物中多糖和双糖要先消化生成单糖后才能进入体内氧化利用。食物中的淀粉可由口腔中的唾液淀粉酶及胰腺分泌到肠道的胰淀粉酶水解生成麦芽糖、麦芽三糖及临界糊精（4～9个葡萄糖残基构成的寡糖），后三者分别在葡萄糖苷酶及临界糊精酶的作用下生成葡萄糖。在小肠黏膜细胞有蔗糖酶和乳糖酶可分别水解蔗糖和乳糖形成单糖。

经小肠消化吸收进入人体内的单糖，包括葡萄糖、半乳糖、果糖等，以葡萄糖最多，首先沿门静脉入肝，再随血液循环进入各组织细胞进行代谢。葡萄糖在人体内既可以氧化分解，也可能合成糖原储存，还能转变成其他物质被人体利用。其他单糖因为含量很少，且主要进入葡萄糖代谢途径中代谢，故本章主要讨论葡萄糖在机体内的代谢。

考点 糖的主要功能

第1节 葡萄糖的分解代谢

目前发现，人体内葡萄糖（glucose，G）的分解代谢有三条途径：无氧氧化、有氧氧化和磷酸戊糖途径。

一、葡萄糖的无氧氧化

在无氧或缺氧条件下，葡萄糖或糖原分解生成乳酸的过程称为无氧氧化，也称无氧分解。

无氧氧化全过程在各组织细胞的细胞质中进行，尤其在红细胞和肌肉组织中最为活跃。

链接

无氧运动

无氧运动是指速度快及爆发力强的运动，由于运动时氧气的摄取量非常低，肌细胞内的葡萄糖或糖原主要依靠无氧氧化供能，导致体内产生较多的乳酸，运动后常感到肌肉酸痛。要想使肌肉更强壮一些，可以到健身房去参加无氧运动。常见的无氧运动项目包括举重、投掷、跳高、跳远、拔河、肌力训练等。

（一）无氧氧化的反应过程

无氧氧化由十几步连续的化学反应构成，常人为划分为两个阶段：第一阶段是由6C的葡萄糖（或糖原）分解生成3C的丙酮酸，称为糖酵解途径；第二阶段是乳酸生成（图6-1）。

葡萄糖（6C） —糖酵解/第一阶段→ 2×丙酮酸（3C） —第二阶段→ 2×乳酸（3C）

图6-1 无氧氧化的两个阶段

1. 第1阶段——糖酵解 由10步反应构成。

（1）6-磷酸葡萄糖（G-6-P）的生成：由己糖激酶（肝细胞内为葡萄糖激酶）催化，消耗1分子ATP，Mg^{2+}是酶的激活剂。此反应为糖酵解的第一个关键步骤，己糖激酶（肝细胞内为葡萄糖激酶）为第一个关键酶。

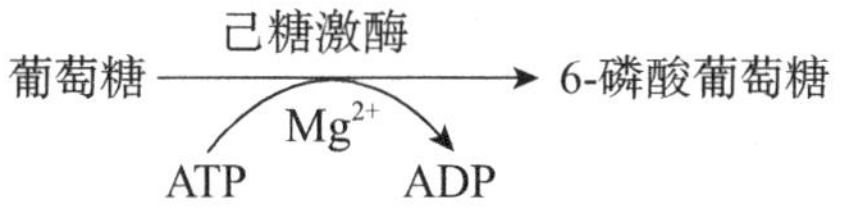

葡萄糖 —己糖激酶（ATP→ADP，Mg^{2+}）→ 6-磷酸葡萄糖

（2）6-磷酸果糖（F-6-P）的生成：G-6-P在磷酸己糖异构酶催化下，生成F-6-P，Mg^{2+}是激活剂，反应可逆。

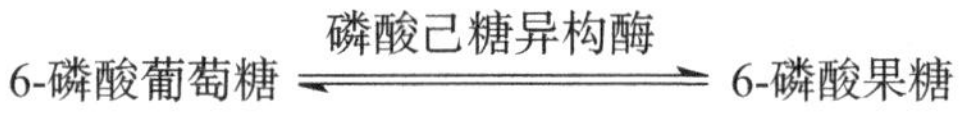

6-磷酸葡萄糖 ⇌（磷酸己糖异构酶） 6-磷酸果糖

（3）1, 6-二磷酸果糖（1, 6-FBP）的生成：由6-磷酸果糖激酶-1催化下，消耗1分子ATP，Mg^{2+}是激活剂。

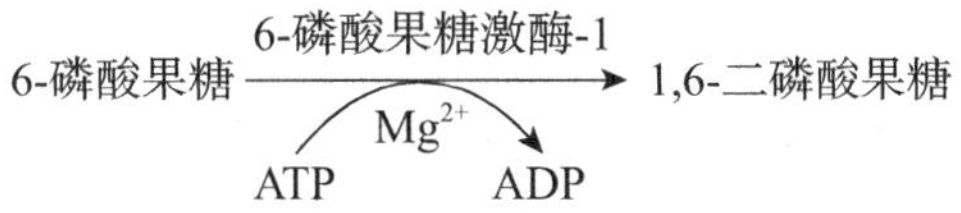

6-磷酸果糖 —6-磷酸果糖激酶-1（ATP→ADP，Mg^{2+}）→ 1,6-二磷酸果糖

（4）1, 6-二磷酸果糖裂解成2个三碳化合物——磷酸二羟丙酮和3-磷酸甘油醛：由醛缩酶催化。

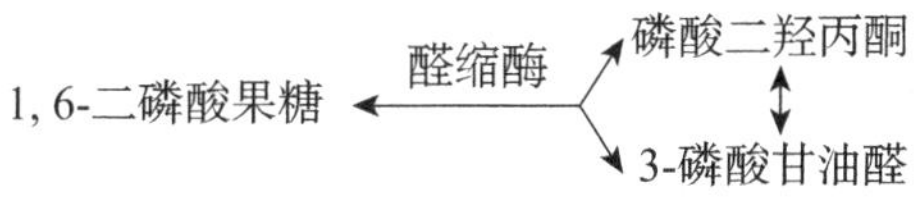

1, 6-二磷酸果糖 ⇌（醛缩酶） 磷酸二羟丙酮 + 3-磷酸甘油醛（磷酸二羟丙酮 ↔ 3-磷酸甘油醛）

（5）磷酸二羟丙酮与3-磷酸甘油醛异构：两者为同分异构体，在异构酶的催化下可以相互转变。

（6）1, 3-二磷酸甘油酸（1, 3-BPG）的生成：由3-磷酸甘油醛脱氢酶催化，3-磷酸甘油醛脱氢氧化并加磷酸生成高能化合物 1, 3- 二磷酸甘油酸。反应脱下的氢由 NAD^+ 接受生成其还原型 $NADH+H^+$，这是糖酵解过程中唯一的一次氧化反应。

$$\text{3-磷酸甘油醛} \xrightarrow[\text{Pi+NAD}^+ \curvearrowright \text{NADH+H}^+]{\text{3-磷酸甘油醛脱氢酶}} \text{1, 3-二磷酸甘油酸}$$

（7）3- 磷酸甘油酸（3-PG）的生成：在磷酸甘油酸激酶催化下，1, 3- 二磷酸甘油酸转变为 3- 磷酸甘油酸，高能磷酸键转移给 ADP 生成 ATP。这种由底物分子在酶的作用下，直接将高能磷酸键直接转移给 ADP 生成 ATP 的方式，称为底物水平磷酸化。这是生物体内产生 ATP 的方式之一。

$$\text{1, 3-二磷酸甘油酸} \underset{\text{ADP} \curvearrowright \text{ATP}}{\overset{\text{磷酸甘油酸激酶}}{\rightleftharpoons}} \text{3-磷酸甘油酸}$$

（8）2- 磷酸甘油酸（2-PG）的生成：此反应由变位酶催化。

$$\text{3-磷酸甘油酸} \overset{\text{磷酸甘油酸变位酶}}{\rightleftharpoons} \text{2-磷酸甘油酸}$$

（9）磷酸烯醇式丙酮酸（PEP）的生成：由烯醇化酶催化，2- 磷酸甘油酸脱水生成高能化合物磷酸烯醇式丙酮酸，同时分子内部的能量重新分配，形成高能磷酸键。

$$\text{2-磷酸甘油酸} \overset{\text{烯醇化酶}}{\rightleftharpoons} \text{磷酸烯醇式丙酮酸}$$

（10）丙酮酸的生成：在丙酮酸激酶催化下，磷酸烯醇式丙酮酸转变为丙酮酸，分子中高能磷酸键转移给 ADP 生成 ATP，这是无氧氧化过程中的第二次底物水平磷酸化反应。

$$\text{磷酸烯醇式丙酮酸} \xrightarrow[\text{ADP} \curvearrowright \text{ATP}\ (K^+\ Mg^{2+})]{\text{丙酮酸激酶}} \text{丙酮酸}$$

2. 第二阶段——乳酸生成　这是第 11 步反应，在氧供应不足或机体缺氧时，乳酸脱氢酶（LDH）催化丙酮酸加氢还原生成乳酸，由 $NADH+H^+$ 提供氢。

$$\text{丙酮酸} \underset{\text{NADH + H}^+ \curvearrowright \text{NAD}^+}{\overset{\text{乳酸脱氢酶}}{\rightleftharpoons}} \text{乳酸}$$

若从糖原开始氧化，则糖原首先在磷酸化酶作用下生成 1- 磷酸葡萄糖，后者在变位酶作用下生成 6- 磷酸葡萄糖继续反应。糖原的每个葡萄糖单位在分解时，比游离的葡萄糖少消耗了 1 分子 ATP。无氧氧化简明过程总结于图 6-2。

（二）无氧氧化的特点

1. 无氧氧化的全过程在细胞的胞质中进行。

2. 无氧氧化反应全程无 O_2 参与。

3. 无氧氧化过程有 3 个关键步骤和 3 个关键酶：葡萄糖→ 6- 磷酸葡萄糖，6- 磷酸果糖→ 1, 6- 二磷酸果糖和磷酸烯醇式丙酮酸→丙酮酸是三个关键步骤；己糖激酶、磷酸果糖激酶和丙酮酸激酶是无氧氧化过程中的三个关键酶。

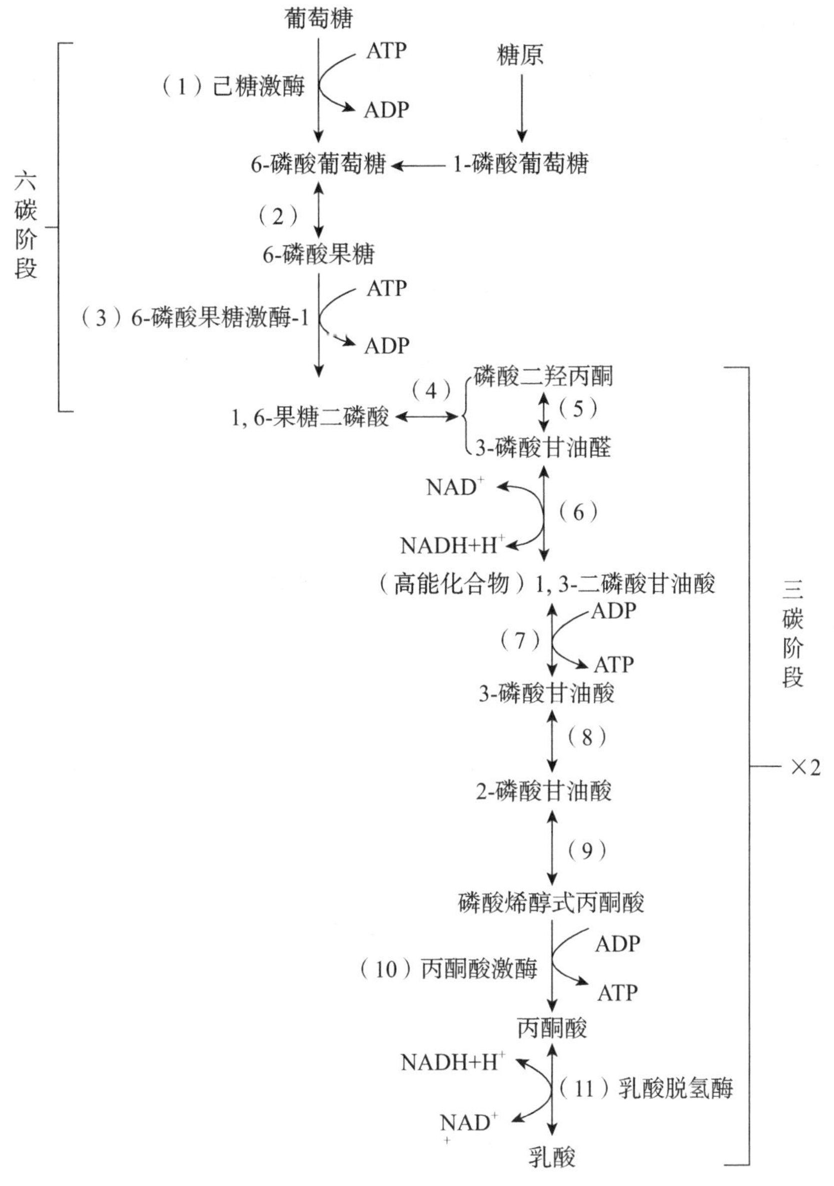

图 6-2　无氧氧化简明过程

4. 1 分子葡萄糖无氧氧化的终产物是 2 分子乳酸和 2 分子 ATP。若从糖原算起，则净生成 3 分子 ATP。

（三）无氧氧化的生理意义

无氧氧化产生的能量虽少，但对人体却具有非常重要的生理意义。

1. 无氧氧化能迅速为机体供能，是机体在缺氧条件下获得能量的主要方式。无氧氧化对肌肉组织尤其重要，肌肉组织中的 ATP 含量较低，肌肉收缩几秒钟就可全部耗尽。即使不缺氧，因为葡萄糖进行有氧氧化的过程比无氧氧化长得多，不能及时满足肌细胞需要，所以还要通过无氧氧化供能。

2. 氧供充足时，某些组织和细胞主要依赖无氧氧化供能。正常细胞获得能量的主要方式是有氧氧化，但其主要过程在线粒体内进行。成熟的红细胞无线粒体，即使氧供充足，也完全依靠无氧氧化供能。视网膜、神经细胞、肿瘤细胞、白细胞、肾髓质、皮肤、睾丸等，在正常情况下也依赖无氧氧化供能。

3. 为其他物质的合成提供原料。无氧氧化过程中的中间产物可作为体内其他化合物合成的原料。例如，磷酸二羟丙酮可生成磷酸甘油，参与脂肪合成；乳酸可异生为糖；丙酮酸可以转变为丙氨酸等。

考点 葡萄糖分解的三条途径名称、无氧氧化的概念、反应部位、关键酶、产物及生理意义

二、葡萄糖的有氧氧化

葡萄糖的有氧氧化是指在有氧条件下，葡萄糖或糖原彻底氧化分解生成 CO_2 和 H_2O 并释放大量能量的过程。有氧氧化是葡萄糖氧化分解的主要方式，整个过程在细胞质和线粒体内进行。

医者仁心 **诺贝尔奖获得者克雷布斯**

克雷布斯（Krebs）是英籍德裔生物化学家。1932 年，他与其同事共同发现了尿素合成的过程——鸟氨酸循环。1937 年他用鸽子胸肌做实验又提出了三羧酸循环，他将此科研成果写成论文投稿给知名杂志，却被拒绝。三羧酸循环是糖、蛋白质、脂肪等代谢联系的重要环节，被公认为代谢研究的里程碑，克雷布斯因此获得了 1953 年诺贝尔生理学或医学奖。此后，克雷布斯常用自己曾被拒稿的故事激励年轻学者专注于自己的研究兴趣，坚持自己的学术观点。

（一）葡萄糖有氧氧化的反应过程

有氧氧化由 20 多步连续的化学反应构成，常划分为四个阶段，第 1 阶段在细胞质，其余 3 个阶段均在线粒体内进行（图 6-3）。

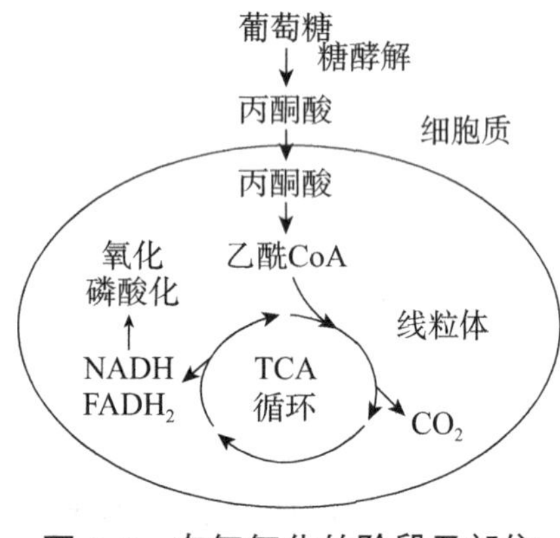

图 6-3 有氧氧化的阶段及部位

1. 第1阶段——糖酵解　与无氧氧化的第一阶段相同，1 分子葡萄糖分解为 2 分子丙酮酸。

2. 第 2 阶段——丙酮酸氧化脱羧生成乙酰 CoA　丙酮酸由细胞质进入线粒体内，在丙酮酸脱氢酶复合体的催化下，经过 5 步连续的化学反应，脱氢又脱羧生成乙酰 CoA。脱掉的羧基生成 CO_2，这是机体产生 CO_2 的方式——有机酸脱羧，这次脱羧属于 α-氧化脱羧，即 α-C 原子上既脱氢又脱羧基。脱下的 2H 最终由 NAD^+ 接受成为 $NADH+H^+$，整个反应过程是不可逆的，丙酮酸脱氢酶复合体是关键酶。

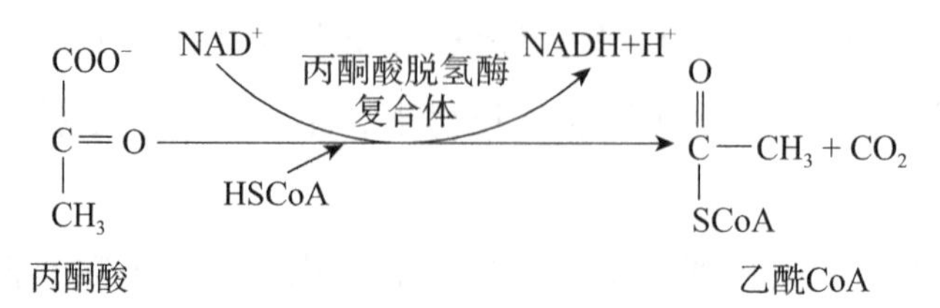

3. 第 3 阶段——三羧酸循环　三羧酸循环是由 8 步反应构成的一个循环过程，在线粒体基质中进行。由于循环的第一步反应生成了含有三个羧基的化合物柠檬酸，故称为三羧酸循

环（tricarboxylic acid cycle，TAC 或称为 TCA 循环）或柠檬酸循环，也称 Krebs 循环。

（1）三羧酸循环的过程

1）乙酰 CoA 与草酰乙酸合成柠檬酸：此反应由柠檬酸合酶催化，反应不可逆，柠檬酸合酶为 TCA 循环的第一个关键酶。

$$CH_3-\overset{O}{\overset{\|}{C}}\sim SCoA + \begin{matrix} O=C-COO^- \\ | \\ CH_2 \\ | \\ COO^- \end{matrix} + H_2O \xrightarrow{\text{柠檬酸合酶}} HO-\begin{matrix} CH_2COO^- \\ | \\ C \\ | \\ CH_2COO^- \end{matrix}-COO^- + HSCoA + H^+$$

乙酰CoA　　草酰乙酸　　柠檬酸

2）柠檬酸异构生成异柠檬酸：在顺乌头酸酶的催化下，柠檬酸先脱水生成不稳定的中间产物顺乌头酸，再加水异构成异柠檬酸，反应过程可逆。

$$\begin{matrix} COO^- \\ | \\ CH_2 \\ | \\ ^-COO^- - C - OH \\ | \\ CH_2COO^- \end{matrix} \underset{\text{顺乌头酸酶}}{\overset{H_2O}{\rightleftharpoons}} \left[\begin{matrix} COO^- \\ | \\ CH \\ \| \\ ^-COO^- - C \\ | \\ CH_2COO^- \end{matrix}\right] \underset{\text{顺乌头酸酶}}{\overset{H_2O}{\rightleftharpoons}} \begin{matrix} COO^- \\ | \\ H-C-OH \\ | \\ ^-COO^- - C - H \\ | \\ CH_2COO^- \end{matrix}$$

柠檬酸　　顺乌头酸　　异柠檬酸

3）异柠檬酸氧化脱羧生成 α- 酮戊二酸：在异柠檬酸脱氢酶催化下，异柠檬酸脱氢并脱羧生成 α- 酮戊二酸，NAD^+ 接受脱下的 2H 成为 $NADH+H^+$。这是 TCA 循环中的第一次脱羧，属于 β- 氧化脱羧，生成 1 分子 CO_2。β-C 原子上既脱氢又脱羧基。此反应不可逆，是 TCA 循环中反应速度最慢的一步。异柠檬酸脱氢酶是 TCA 循环过程中的第二个关键酶。

$$\begin{matrix} COO^- \\ | \\ H-C-OH \\ | \\ ^-COO^- - C - H \\ | \\ CH_2COO^- \end{matrix} \xrightarrow[Mg^{2+} \quad CO_2]{NAD^+ \quad \text{异柠檬酸脱氢酶} \quad NADH+H^+} \begin{matrix} COO^- \\ | \\ C=O \\ | \\ CH_2 \\ | \\ CH_2COO^- \end{matrix}$$

异柠檬酸　　α-酮戊二酸

4）α- 酮戊二酸氧化脱羧生成琥珀酰 CoA：α- 酮戊二酸脱氢酶复合体催化 α- 酮戊二酸氧化脱羧生成高能化合物琥珀酰 CoA。反应中脱下的 2H 由 NAD^+ 接受成为 $NADH+H^+$。这是 TCA 循环中的第二次脱羧，属于 α- 氧化脱羧，生成 1 分子 CO_2。α- 酮戊二酸脱氢酶复合体是 TCA 循环的第三个关键酶。

$$\begin{matrix} COO^- \\ | \\ C=O \\ | \\ CH_2 \\ | \\ CH_2COO^- \end{matrix} \xrightarrow[HSCoA \quad CO_2]{NAD^+ \quad \alpha\text{-酮戊二酸脱氢酶复合体} \quad NADH+H^+} \begin{matrix} O=C\sim SCoA \\ | \\ CH_2 \\ | \\ CH_2COO^- \end{matrix}$$

α-酮戊二酸　　琥珀酰CoA

5）琥珀酰 CoA 转变为琥珀酸：由琥珀酰 CoA 合成酶（又称琥珀酸硫激酶）催化，琥珀酰 CoA 将高能键转移给 GDP 生成 GTP，GTP 继续将高能键转移给 ADP 生成 ATP。这是三羧酸循环中唯一的一次底物水平磷酸化反应。

$$\begin{array}{c} O{=}C\sim SCoA \\ | \\ CH_2 \\ | \\ CH_2COO^- \\ \text{琥珀酰CoA} \end{array} \xrightleftharpoons[\text{HSCoA}]{\text{GDP+Pi} \quad \text{琥珀酰CoA合成酶} \quad \text{GTP}} \begin{array}{c} COO^- \\ | \\ CH_2 \\ | \\ CH_2COO^- \\ \text{琥珀酸} \end{array}$$

$$GTP + ADP \xrightleftharpoons{\text{GDP激酶}} ATP + GDP$$

6）琥珀酸脱氢生成延胡索酸：在琥珀酸脱氢酶催化下，琥珀酸脱氢生成延胡索酸。FAD 是琥珀酸脱氢酶的辅酶，接受脱下的 2H 生成 $FADH_2$。

$$\begin{array}{c} COO^- \\ | \\ CH_2 \\ | \\ CH_2COO^- \\ \text{琥珀酸} \end{array} \xrightleftharpoons{\text{FAD} \quad \text{琥珀酸脱氢酶} \quad FADH_2} \begin{array}{c} COO^- \\ | \\ CH \\ \| \\ CHCOO^- \\ \text{延胡索酸} \end{array}$$

7）延胡索酸加水生成苹果酸：此反应由延胡索酸酶催化。

$$\begin{array}{c} COO^- \\ | \\ CH \\ \| \\ CHCOO^- \\ \text{延胡索酸} \end{array} + H_2O \xrightleftharpoons{\text{延胡索酸酶}} \begin{array}{c} COO^- \\ | \\ HO-CH \\ | \\ CH_2COO^- \\ \text{苹果酸} \end{array}$$

8）苹果酸脱氢生成草酰乙酸：这是 TCA 循环的最后一步反应，由苹果酸脱氢酶催化。苹果酸脱下的 2H 由 NAD^+ 接受氢成为 $NADH+H^+$，它自身变成草酰乙酸完成一次三羧酸循环。

三羧酸循环全过程如图 6-4 所示。

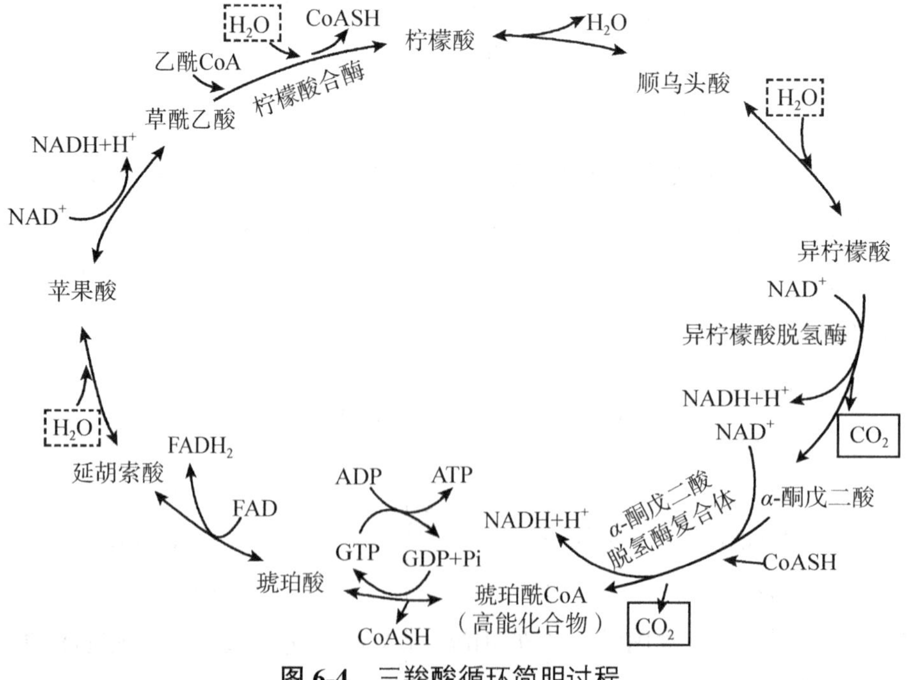

图 6-4　三羧酸循环简明过程

（2）三羧酸循环的特点

1）一次底物水平磷酸化生成1分子ATP：整个过程有一次产能反应，属于底物水平磷酸化，发生在琥珀酰CoA→琥珀酸，直接产生GTP，然后由GTP将高能键转移给ADP生成1分子ATP。

2）两次脱羧生成2分子CO_2：一次循环有两次脱羧反应，共产生2分子CO_2。

3）三个关键酶催化三个不可逆反应：柠檬酸合酶、异柠檬酸脱氢酶、α-酮戊二酸脱氢酶复合体是三酸酸循环的三个关键酶，它们所催化的反应在生理条件下是不可逆的，所以整个循环是不可逆的。

4）四次脱氢生成3分子$NADH+H^+$和1分子$FADH_2$：两者分别进入呼吸链产生H_2O并进行氧化磷酸化产生ATP。

4. 第4阶段：氧化磷酸化　代谢物脱下的氢经过呼吸链传递给氧生成水，并在此过程中将产生的能量转移给ADP，同时偶联ADP磷酸化形成ATP。

考点 三羧酸循环的部位、关键酶、特点、生理意义

（二）葡萄糖有氧氧化的产物及生理意义

1. 有氧氧化的产物　1分子葡萄糖生成2分子丙酮酸，再进行两次三羧酸循环后，有机酸脱羧生成CO_2，脱下的氢在线粒体内进入呼吸链产生H_2O的同时，进行氧化磷酸化生成ATP。1分子葡萄糖经有氧氧化生成6 CO_2、6 H_2O、32或30ATP。

2. 有氧氧化的生理意义

（1）有氧氧化是体内葡萄糖氧化分解的主要途径，也是机体在正常情况下多数组织细胞获得能量的主要方式。1分子葡萄糖经有氧氧化净生成32或30分子ATP，产生的能量比无氧氧化多得多。

（2）三羧酸循环是体内糖、脂肪、蛋白质彻底氧化的共同途径：糖、脂肪、蛋白质经代谢后都能生成乙酰CoA或三羧酸循环中的中间产物，进入三羧酸循环彻底氧化分解。

（3）三羧酸循环是糖、脂肪、蛋白质代谢联系的枢纽：糖分解代谢产生的丙酮酸、α-酮戊二酸、草酰乙酸等均可构成氨基酸的骨架，氨基酸也可脱氨基转变成相应的α-酮酸进入三羧酸循环彻底氧化或经草酰乙酸转变为糖。脂肪酸和甘油均可转变为乙酰CoA，进入三羧酸循环彻底氧化等。

考点 有氧氧化的概念、反应部位、阶段、关键酶、产物、生成ATP数目及生理意义

链接

巴斯德效应

巴斯德（L.Pasteur，1822—1895），法国微生物学家、化学家，近代微生物学的奠基人。他在实验中发现，在氧充足的条件下，细胞优先进行有氧氧化而使无氧氧化受抑制，后人把这种现象称为巴斯德效应。

三、磷酸戊糖途径

磷酸戊糖途径是伴随两种酶6-磷酸葡萄糖脱氢酶和6-磷酸葡萄糖酸脱氢酶而发现的，是葡萄糖氧化分解的另一条途径。因在此过程中生成了多种具有重要生理作用的磷酸戊糖而得名。具体途径由6-磷酸葡萄糖开始，经过多步反应后生成6-磷酸果糖和3-磷酸甘油醛，再进入有氧和无氧氧化途径代谢。

（一）反应过程

磷酸戊糖途径主要在肝脏、脂肪组织、哺乳期的乳腺、肾上腺皮质、性腺、骨髓和红细胞等的细胞质中进行。反应过程可分为两个阶段：第1阶段是氧化反应阶段，生成磷酸戊糖和NADPH+H^+；第2阶段是基团转移阶段。

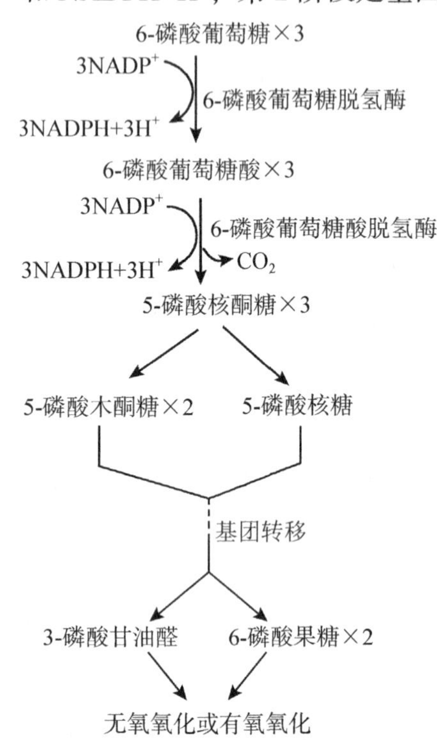

图6-5 磷酸戊糖途径主要反应过程

1. 第1阶段　6-磷酸葡萄糖经2次脱氢，生成2分子NADPH+H^+，一次脱羧反应生成1分子CO_2，自身则转变成5-磷酸核糖。6-磷酸葡萄糖脱氢酶是此途径的关键酶，NADPH+H^+（还原型辅酶Ⅱ）是该途径生成的第一种重要的中间产物。

2. 第2阶段　第1阶段生成的5-磷酸核糖是合成核苷酸的原料，部分磷酸核糖通过一系列基团转移反应，进行酮基和醛基的转换，产生含3碳、4碳、5碳、6碳及7碳的多种糖的中间产物，最终都转变为6-磷酸果糖和3-磷酸甘油醛。它们可转变为6-磷酸葡萄糖继续进行磷酸戊糖途径，也可以进入糖的有氧氧化或无氧氧化途径继续氧化分解。磷酸戊糖途径基本反应过程如图6-5所示。

（二）生理意义

磷酸戊糖途径生成了两种重要的中间产物5-磷酸核糖和NADPH+H^+。

1. 生成的5-磷酸核糖（R-5-P）为体内核苷酸的合成提供原料　核苷酸是核酸的基本组成单位，5-磷酸核糖是合成核苷酸的原料，而此途径是体内生成5-磷酸核糖的唯一途径，因而显得格外重要。

2. 生成的NADPH+H^+作为供氢体为许多反应提供氢

（1）NADPH+H^+是谷胱甘肽还原酶的辅酶，对维持还原型谷胱甘肽（G—SH）的正常含量有很重要的作用。还原型谷胱甘肽是体内重要的抗氧化剂，能保护一些含巯基（—SH）的蛋白质和酶类免受氧化剂的破坏，在保护红细胞膜蛋白的完整性方面有重要作用。

当体内有过多氧化剂产生时，G—SH转化为氧化型谷胱甘肽（GS—SG），则失去对红细胞的保护作用，易导致溶血。但红细胞内有谷胱甘肽还原酶，可将GS—SG还原为G—SH再利用，但上述反应需要NADPH+H^+作为供氢体，而人体内NADPH+H^+主要来自磷酸戊糖途径（图6-6）。

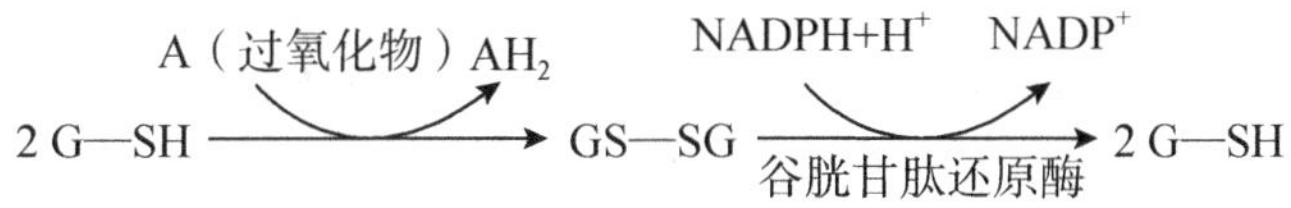

$$2\,G—SH \xrightarrow[]{A（过氧化物）\ \ AH_2} GS—SG \xrightarrow[谷胱甘肽还原酶]{NADPH+H^+\ \ NADP^+} 2\,G—SH$$

图 6-6 G—SH 含量的维持

由于遗传缺陷，有些人先天缺乏6-磷酸葡萄糖脱氢酶，体内磷酸戊糖途径不能正常进行，$NADPH+H^+$ 生成量不足，在过量食用氧化性强的食物（如蚕豆）或某些药物（如抗疟疾药物）后，易导致红细胞膜破坏而产生溶血性贫血（也称蚕豆病）。

（2）$NADPH+H^+$ 作为供氢体参与脂肪酸、胆固醇和类固醇激素的生物合成。

（3）$NADPH+H^+$ 参与肝脏生物转化反应：$NADPH+H^+$ 提供氢参与激素、药物、毒物等的生物转化作用。

考点 磷酸戊糖途径的关键酶、重要中间产物、生理意义、相关疾病

第2节 糖 异 生

糖异生是指在生物体内非糖物质转变为葡萄糖或糖原的过程。糖异生的原料包括乳酸、丙酮酸、生糖氨基酸、甘油等。正常情况下，肝是糖异生的主要器官，长期饥饿及酸中毒时，肾皮质细胞也可进行糖异生。

（一）糖异生的途径

糖异生途径基本上是沿糖酵解的逆过程进行的，但是糖酵解中的3个不可逆反应是糖逆生的3个“能障”。

下面以丙酮酸的糖异生为例说明需要克服的3个“能障”。

1. 第1个能障：丙酮酸→磷酸烯醇式丙酮酸　丙酮酸在丙酮酸羧化酶催化下生成草酰乙酸，反应由ATP供能；草酰乙酸继续由磷酸烯醇式丙酮酸羧激酶催化生成磷酸烯醇式丙酮酸，需GTP供能。以上反应过程称为丙酮酸羧化支路。

$$丙酮酸 \xrightarrow[ATP\ \ ADP]{丙酮酸羧化酶} 草酰乙酸 \xrightarrow[GTP\ \ GDP]{磷酸烯醇式丙酮酸羧激酶} 磷酸烯醇式丙酮酸$$

丙酮酸羧化酶仅存在于线粒体内，其辅酶是生物素。磷酸烯醇式丙酮酸羧激酶在细胞质及线粒体均存在，所以草酰乙酸可直接在线粒体内或穿梭到细胞质中脱羧生成磷酸烯醇式丙酮酸。克服第1个“能障”相当于消耗2分子ATP。

2. 第2个能障：1, 6-二磷酸果糖→6-磷酸果糖　在果糖二磷酸酶催化下，1, 6-二磷酸果糖水解掉第1位上的磷酸，生成6-磷酸果糖。

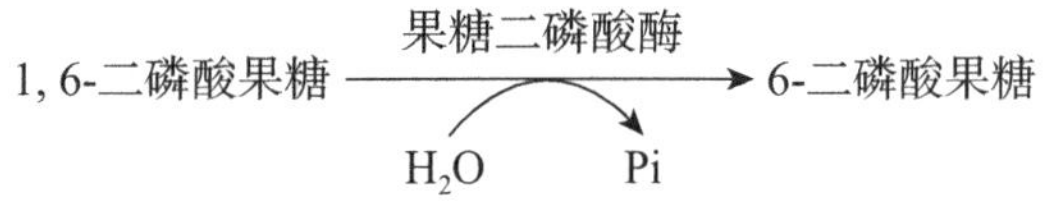

$$1,6\text{-}二磷酸果糖 \xrightarrow[H_2O\ \ Pi]{果糖二磷酸酶} 6\text{-}二磷酸果糖$$

3. 第3个能障：6-磷酸葡萄糖→葡萄糖　此反应由葡萄糖-6-磷酸酶催化，该酶只存在于肝细胞内，6-磷酸葡萄糖水解掉磷酸成为葡萄糖。

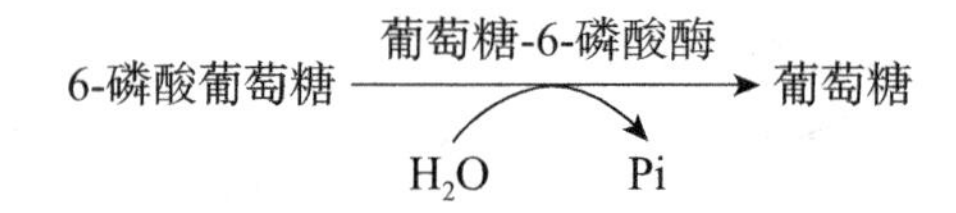

丙酮酸为三碳化合物，故每异生为 1 分子葡萄糖，需要 2 分子丙酮酸，同时消耗 6 分子 ATP。丙酮酸羧化酶、磷酸烯醇式丙酮酸羧激酶、果糖二磷酸酶和葡萄糖 -6- 磷酸酶是糖异生途径的关键酶。

（二）糖异生的生理意义

1. 维持血糖水平的相对恒定　这是糖异生最主要的生理功能。饥饿时，肌肉产生的乳酸量较少，糖异生的原料主要为生糖氨基酸和甘油，经糖异生转变为葡萄糖，维持血糖水平恒定，保证脑等重要组织器官的能量供应。

2. 糖异生是补充或恢复肝糖原储备的重要途径　实验证明，肝糖原不完全由葡萄糖直接合成，尤其在饥饿时，甘油、生糖氨基酸等经糖异生合成肝糖原成为补充或恢复肝糖原储备的重要来源。

3. 有利于维持酸碱平衡　在长期饥饿情况下，肾脏的糖异生作用加强，可促进肾小管细胞的泌氨作用。NH_3 与原尿中 H^+ 结合成 NH_4^+，随尿排出体外，降低原尿中 H^+ 的浓度，加速排 H^+ 保 Na^+ 作用，有利于维持酸碱平衡。

4. 有利于乳酸的再利用　剧烈运动时，肌肉组织细胞内的葡萄糖经无氧氧化生成大量乳酸，后者进入血中经血液循环运到肝；在肝内，乳酸经糖异生作用合成葡萄糖。肝内糖异生产生的葡萄糖再随血液循环运送到肌细胞氧化利用，这样就构成了乳酸循环（图 6-7）。通过此循环，回收了乳酸中的能量，又防止了乳酸堆积造成的酸中毒。

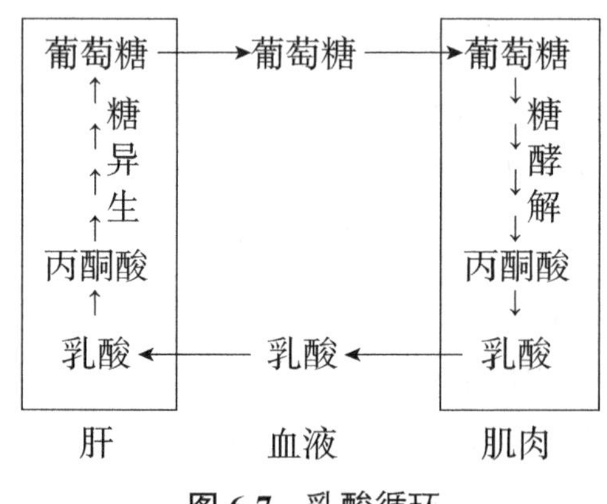

图 6-7　乳酸循环

考点　糖异生的概念、部位、原料、生理意义、关键酶、乳酸循环及意义

第 3 节　糖原的合成与分解

糖原是多个葡萄糖通过糖苷键相连所形成的带分支的大分子多糖，是动物体内糖的储存形式，以肝糖原和肌糖原为主。正常人体内肝糖原的总量为 70 ～ 100g；肌糖原的总量为 180 ～ 300g。

糖原中的葡萄糖主要以 α-1, 4- 糖苷键相连形成直链，只有分支处以 α-1, 6- 糖苷键形成支链（图 6-8）。

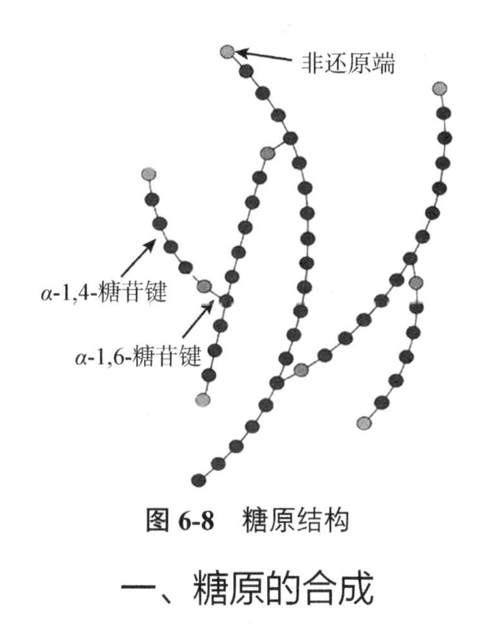

图 6-8 糖原结构

一、糖原的合成

体内由葡萄糖合成糖原的过程称为糖原合成。肝糖原和肌糖原分别在肝和肌细胞的细胞质中合成。

（一）糖原的合成过程

1. 葡萄糖→ 6- 磷酸葡萄糖　此反应与糖酵解的第一步反应相同。

$$\text{葡萄糖} \xrightarrow[\text{ATP}\ \curvearrowright\ \text{ADP}]{\text{己糖激酶},\ Mg^{2+}} \text{6-磷酸葡萄糖}$$

2. 6- 磷酸葡萄糖为→ 1- 磷酸葡萄糖　此反应可逆，由变位酶催化。

$$\text{6-磷酸葡萄糖} \xleftrightarrow{\text{磷酸葡萄糖变位酶}} \text{1-磷酸葡萄糖}$$

3. 1- 磷酸葡萄糖→尿苷二磷酸葡萄糖（UDPG）　在 UDPG 焦磷酸化酶的催化下，1- 磷酸葡萄糖与三磷酸尿苷（UTP）反应生成 UDPG 和焦磷酸（PPi）。UDPG 是葡萄糖的活性形式，也称为活性葡萄糖。

4. 糖原生成　糖原合成时需要引物，糖原引物是指细胞内原有的较小的糖原（G_n）。在糖原合酶催化下，UDPG 与糖原引物反应，将 UDPG 上的葡萄糖基转移到引物上，以 α-1, 4- 糖苷键相连，形成比原来多了一个碳原子的糖原 G_{n+1}。此反应不可逆，糖原合成酶是糖原合成过程的关键酶。糖原合成时，每增加一个葡萄糖残基，消耗 1 分子 ATP 和 1 分子 UTP。

$$\text{糖原引物}（G_n）+ \text{UDPG} \xrightarrow{\text{糖原合成酶}} \text{糖原}（G_{n+1}）+ \text{UDP}$$

上述反应可在糖原合成酶作用下反复进行，使糖链不断地延长，但不能形成分支。当链长增至 12 ～ 18 个葡萄糖残基时，分支酶就将长 6 ～ 7 个葡萄糖残基的寡糖链转移至另一段糖链上，以 α-1, 6- 糖苷键相连形成糖原分子的分支（图 6-9）。

（二）糖原合成的生理意义

糖原合成是机体储存葡萄糖的方式，也是储存能量的一种方式。糖原合成对维持血糖浓度的恒定有重要意义，如进食后机体将摄入的糖合成糖原储存起来，以免血糖浓度过高。

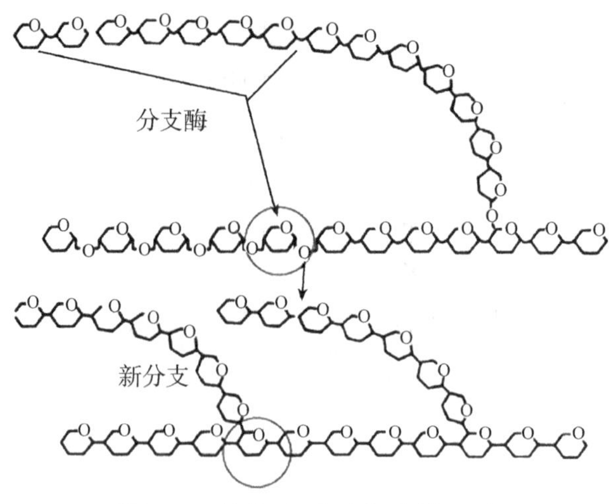

图 6-9　糖原合成时分支的形成

考点 糖原合成的部位、关键酶、生理意义

二、糖原的分解

糖原的分解习惯上指肝糖原分解产生葡萄糖的过程。糖原分解在细胞质中进行，肝糖原和肌糖原分解产物不同。

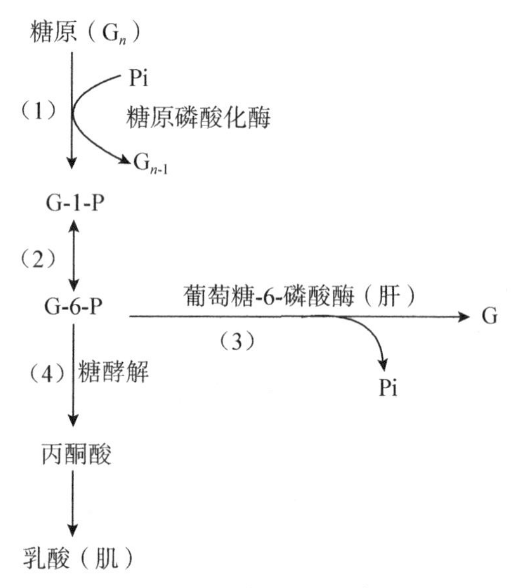

图 6-10　糖原分解过程

（一）糖原分解的过程

在糖原磷酸化酶作用下，从糖原非还原端葡萄糖基开始磷酸化，生成 1- 磷酸葡萄糖（G-1-P）和比原来少了一个葡萄糖残基的糖原，见图 6-10（1）。此反应为糖原分解的关键步骤，糖原磷酸化酶是关键酶。以上反应重复进行，糖原分子中葡萄糖残基不断被转变为 1- 磷酸葡萄糖。1- 磷酸葡萄糖由变位酶催化生成 6- 磷酸葡萄糖（G-6-P），见图 6-10（2）。肝及肾中存在葡萄糖 -6- 磷酸酶，能水解 6- 磷酸葡萄糖生成葡萄糖，见图 6-10（3）。肌肉中缺乏葡萄糖 -6- 磷酸酶，生成的 6- 磷酸葡萄糖只能经糖酵解生成丙酮酸 [图 6-10（4）] 后再转变成乳酸，并同时为肌肉收缩提供能量。

糖原变得越来越小，当距离分支点有 4 个葡萄糖残基时，由转移酶将 3 个葡萄糖残基转移到邻近糖链的末端。分支点处的葡萄糖残基由 α-1, 6- 糖苷键水解生成葡萄糖（图 6-11）。

（二）糖原分解的生理意义

肝糖原分解能提供葡萄糖，既可在短时期不进食期间维持血糖浓度的恒定，又可满足脑组织等对能量的需求。肌糖原分解则为肌肉自身收缩提供能量。

考点 糖原分解的部位、关键酶、肝糖原和肌糖原分解产物不同的原因、生理意义

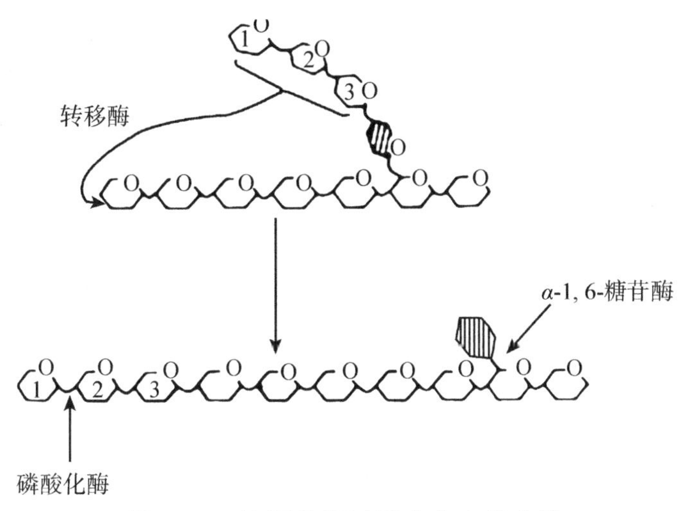

图 6-11　糖原分解过程中分支的去除

案例 6-1

患者，男，43 岁，近 1 个月来常感口渴，饮水量增至每天 4000ml。尿量增加，每日 10 余次。食量比以前稍增加，体重较前减轻约 10kg。检查空腹血糖 10.0mmol/L，尿糖（+）。

问题：1. 此患者可能为什么病?

2. 在案例中找出此患者哪“三多”和哪“一少”?

第 4 节　血糖及其调节

血液中葡萄糖的浓度，称为血糖。血糖水平随进食、活动等变化而有所波动。正常人空腹血糖为 3.9 ～ 6.1mmol/L。血糖的相对稳定对保证组织器官，特别是脑组织的正常生理活动具有重要意义。

血糖的相对恒定依赖于体内血糖来源和去路的动态平衡。

一、血糖的来源和去路

（一）血糖的来源

血糖的来源主要有三方面：①食物中的糖类消化生成葡萄糖进入血液，这是血糖的主要来源；②肝糖原分解产生的葡萄糖，为空腹时血糖的来源；③非糖物质在肝、肾中经糖异生作用转变为葡萄糖，是饥饿时血糖的来源。

（二）血糖的去路

一般情况下，血糖的去路主要有三方面：①在组织细胞中氧化分解供能，这是血糖的主要去路；②在肝、肌肉等组织合成糖原储存；③转变成脂肪及其他物质，如核糖、脱氧核糖、有机酸、非必需氨基酸等。

血糖若高于肾糖阈（8.89mmol/L）时，尿中可出现葡萄糖，称为尿糖，这是葡萄糖的非正常去路。血糖的来源与去路如图 6-12 所示。

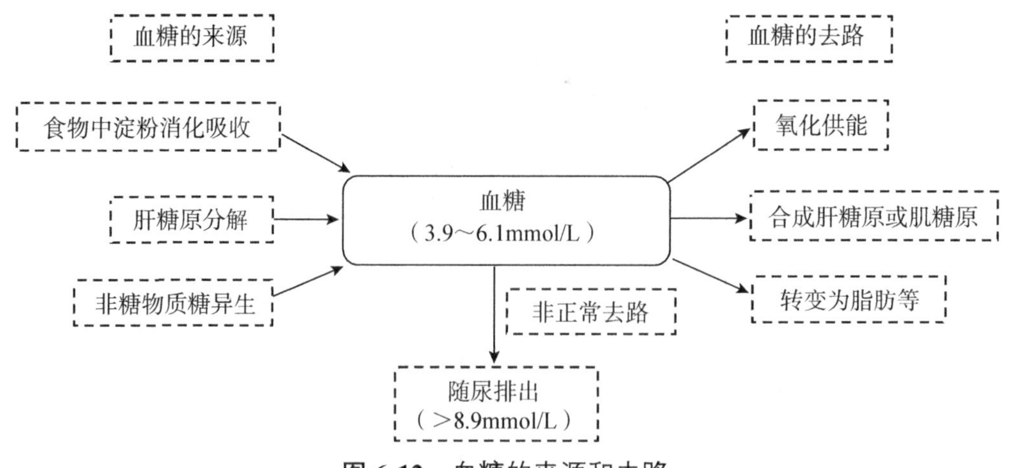

图 6-12 血糖的来源和去路

二、血糖的调节

正常情况下，血糖的相对恒定依赖于血糖来源与去路的平衡，这种平衡需要体内多种因素的协同调节，主要有神经、组织器官和激素等层次的调节。其中肝脏是调节血糖最重要的器官，激素在调节血糖中起主要作用。

（一）调节血糖的激素

目前发现的调节血糖浓度的激素有两大类。

1. 降低血糖的激素　胰岛素是体内唯一降血糖的激素，可通过调节糖代谢的各途径以增加血糖去路、减少血糖来源，从而起到降低血糖的作用。

2. 升高血糖的激素　胰高血糖素、肾上腺素、糖皮质激素等，主要通过调节各代谢途径的强弱起到增加血糖来源、减少血糖去路的效果，从而起到增高血糖的作用。

各激素对血糖调节作用的机制如表 6-1 所示。

表 6-1　某些激素调节血糖的作用机制

分类	激素名称	作用机制
降血糖激素	胰岛素	①促进组织细胞摄取葡萄糖 ②促进葡萄糖的氧化分解 ③促进糖原合成，抑制糖原分解 ④抑制糖异生 ⑤促进糖转变成脂肪
升血糖激素	胰高血糖素	①促进肝糖原分解 ②抑制糖酵解，促进糖异生 ③激活激素敏感型脂肪酶，加速脂肪动员
	糖皮质激素	①抑制组织细胞摄取葡萄糖 ②促进糖异生
	肾上腺素	①促进肝糖原和肌糖原分解 ②促进肌糖原酵解 ③促进糖异生

（二）高血糖与低血糖

1. 高血糖　临床上将空腹静脉血糖高于 7.0mmol/L 称为高血糖。如果血糖值超过肾糖阈会出现糖尿。

引起高血糖的原因有生理性和病理性两种。生理性高血糖或糖尿常见于以下情况摄入过多糖，使血糖升高甚至超过肾糖阈（8.89mmol/L），出现糖尿；人在情绪激动时，交感神经兴奋，肾上腺素分泌增加导致的高血糖或糖尿。生理性高血糖常是暂时的，空腹或心情平静时，血糖依旧可以恢复正常。

病理性高血糖和糖尿多见于糖尿病患者。糖尿病患者由于其自身胰岛素分泌不足或利用障碍，导致机体利用和转化葡萄糖的能力下降，血中葡萄糖增高甚至从尿中排出。糖尿病患者常有三多一少的症状，即多饮、多食、多尿、体重减少。

2. 低血糖　在临床上，空腹血糖低于 2.8mmol/L 时称为低血糖。人在低血糖时常出现头晕、出汗、心悸（心率加快）、面色苍白、视物不清、神志不清、血压下降等症状。

低血糖也有生理性和病理性之分。生理性低血糖主要见于长时间饥饿、持续长时间的体力活动或体育运动等；病理性低血糖如胰岛素分泌过多、升高血糖的激素分泌不足、严重肝脏疾病或临床治疗时使用降糖药物过量等。

当血糖低于 2.48mmol/L 时可严重影响脑功能，会出现低血糖昏迷。

考点 血糖的概念、正常值、来源和去路、升高和降低血糖的激素

自 测 题

一、名词解释

1. 糖酵解　2. 无氧氧化　3. 有氧氧化　4. 糖异生　5. 乳酸循环　6. 血糖

二、单项选择题

1. 糖最重要的功能是（　　）
   A. 构成组织细胞　B. 保温
   C. 传递遗传信息　D. 氧化供能
   E. 储存能量
2. 葡萄糖氧化分解最主要的途径是（　　）
   A. 无氧氧化　B. 有氧氧化
   C. 磷酸戊糖途径　D. 糖异生
   E. 糖原合成
3. 葡萄糖无氧氧化的产物是（　　）
   A. 丙酮酸　B. CO_2+H_2O+ATP
   C. 磷酸二羟丙酮　D. 苹果酸
   E. 乳酸 +ATP
4. 下列哪个是糖酵解的关键酶（　　）
   A. 苹果酸脱氢酶　B. 丙酮酸脱氢酶复合体
   C. 乳酸脱氢酶　D. 磷酸果糖激酶
   E. 柠檬酸合酶
5. 一分子葡萄糖彻底氧化成 CO_2 和 H_2O，可净生成多少分子的 ATP（　　）
   A. 2　B. 7
   C. 10　D. 20
   E. 30 或 32
6. 为机体快速供能的代谢途径是（　　）
   A. 无氧氧化　B. 有氧氧化
   C. 磷酸戊糖途径　D. 糖异生
   E. 糖原合成
7. 糖、脂肪、蛋白质三大营养物质代谢联系的枢

纽是（　　）

A. 乳酸循环　　B. 有氧氧化

C. 三羧酸循环　　D. 糖异生

E. 丙酮酸羧化支路

8. 下列物质中不能糖异生的是（　　）

A. 丙酮酸　　B. 乙酰辅酶 A

C. 甘油　　D. 乳酸

E. 生糖氨基酸

9. 肌糖原不能分解为葡萄糖，是因为肌肉中缺乏（　　）

A. 己糖激酶

B. 葡萄糖 -6- 磷酸酶

C. 葡萄糖 -6- 磷酸脱氢酶

D. 磷酸果糖激酶

E. 乳酸脱氢酶

10. 糖原合成的关键酶是（　　）

A. 糖原合成酶

B. 分支酶

C. 磷酸葡萄糖变位酶

D. UDPG 焦磷酸化酶

E. 磷酸化酶

11. 磷酸戊糖途径的最重要的意义是生成了（　　）

A. $FADH_2$　　B. $NADP^+$

C. $NADH+H^+$　　D. $NADPH+H^+$

E. NAD^+

12. 人体内唯一能降低血糖的激素是（　　）

A. 胰高血糖素　　B. 肾上腺素

C. 胰岛素　　D. 糖皮质激素

E. 抗利尿素

13. 三羧酸循环在下列哪个部位进行（　　）

A. 线粒体　　B. 内质网

C. 细胞质　　D. 细胞核

E. 溶酶体

14. 成熟红细胞获得能量的主要方式为（　　）

A. 有氧氧化　　B. 无氧氧化

C. 磷酸戊糖途径　　D. 糖异生

E. 三羧酸循环

15. 血糖的非正常去路是（　　）

A. 氧化供能　　B. 合成肝糖原

C. 合成肌糖原　　D. 随尿排出

E. 转变为脂肪

三、简答题

1. 试比较无氧氧化和有氧氧化进行的部位、产物、ATP 生成的数目及生理意义。

2. 磷酸戊糖途径有何生理意义？

3. 简述其糖异生的原料、反应部位及生理意义。

4. 肝糖原和肌糖原分解的产物各是什么？为什么肌糖原分解的产物不是葡萄糖？

5. 血糖正常参考范围是多少？简述人体内血糖的正常来源和去路。

6. 说出两条线粒体呼吸链的名称及经两条呼吸链每生成 1mol 水各自产生 ATP 的摩尔数。

（晁相蓉）

第 7 章 脂质代谢

第 1 节 概　　述

一、脂质的分类及分布

脂质包括脂肪和类脂。脂肪由 1 分子甘油和 3 分子脂肪酸构成，又称三酰甘油（甘油三酯，triglyceride，TG）；类脂主要包括磷脂、糖脂、胆固醇及胆固醇酯。脂质是不溶于水而易溶于有机溶剂，并能被机体利用的有机化合物。

体内的脂肪主要分布在脂肪组织，如皮下、大网膜、肠系膜和肾周围等处，通常称这些部位为脂库。一般成年人脂肪占体重的 10% ～ 20%，女子稍高。脂肪的含量易受营养状况、机体活动量等因素的影响而发生较大变化，故又称可变脂。

类脂分布于各组织中，是构成生物膜的基本成分。类脂总量约占体重的 5%，以神经组织中含量最多。类脂含量恒定，不易受营养状况及机体活动量等因素的影响而变动，因此类脂又被称为固定脂或基本脂。

二、脂质的生理功能

（一）脂肪的生理功能

1. 储能与供能　脂肪是体内主要的储能物质。脂肪在体内彻底氧化产生的能量比相同重量的糖或蛋白质高一倍多。正常人体生理活动所需能量的 15% ～ 20% 由脂肪提供。脂肪还是有效的供能物质。空腹时，体内所需能量的 50% 以上来自脂肪的氧化。禁食 1 ～ 3 天，约 85% 的能量来自脂肪的氧化。

2. 保持体温和保护内脏　分布在人体皮下的脂肪组织不易导热，可防止热量散失而保持体温。内脏周围储存的大量脂肪组织可缓冲机械撞击而保护内脏。

3. 提供必需脂肪酸　亚油酸、亚麻酸、花生四烯酸等多不饱和脂肪酸，在人体内不能合成，必须由食物供给，称为营养必需脂肪酸。这些脂肪酸是维持生长发育和皮肤正常代谢所必需，若食物中缺乏营养必需脂肪酸，可以出现生长缓慢、上皮功能异常，发生皮炎、毛发稀疏等症状。此外，它们还有降低血中胆固醇及抗动脉粥样硬化的作用。花生四烯酸是合成前列腺素、血栓素和白三烯等生理活性物质的原料。

4. 促进脂溶性维生素的吸收　食物中的脂肪在肠道内能协助脂溶性维生素的吸收。胆管梗阻的患者，不仅会出现脂类的消化障碍，还会伴有脂溶性维生素的吸收减少。

（二）类脂的生理功能

1. 参与生物膜的构成　磷脂和胆固醇是构成所有生物膜的主要结构成分，约占膜重量的一半，维持着细胞的正常结构与功能。

2. 转变成多种重要的生理活性物质　胆固醇在体内可转变成胆汁酸、维生素 D_3 及类固醇激素等多种重要物质。

第 2 节　脂肪的代谢

一、脂肪的分解代谢

（一）脂肪动员

储存在脂肪细胞中的脂肪，在脂肪酶的催化下逐步水解为脂肪酸和甘油，并释放入血供其他组织氧化利用，该过程称为脂肪动员。

$$三酰甘油 \xrightarrow[\searrow R_1\text{-COOH}]{三酰甘油脂肪酶} 二酰甘油 \xrightarrow[\searrow R_2\text{-COOH}]{二酰甘油脂肪酶} 单酰甘油 \xrightarrow[\searrow R_3\text{-COOH}]{单酰甘油脂肪酶} 甘油$$

催化上述反应的脂肪酶主要为三酰甘油脂肪酶。该脂肪酶的活性最低，是脂肪动员的限速酶，因其活性受多种激素调节，故又称为激素敏感性脂肪酶。肾上腺素、去甲肾上腺素、胰高血糖素及促肾上腺皮质激素（ACTH）等能使三酰甘油脂肪酶活性增强而促进脂肪的动员，故称脂解激素。胰岛素等能抑制三酰甘油脂肪酶的活性，减少脂肪的动员，称为抗脂解激素。

考点 脂肪动员的限速酶

人体在处于紧张、兴奋、饥饿状况时，肾上腺素、去甲肾上腺素、胰高血糖素分泌量增加，三酰甘油脂肪酶活性增强，脂肪动员加强，机体储存的脂肪含量就会减少。因此，人体长期处于紧张、饥饿状态时就会消瘦。

（二）甘油的代谢

脂肪动员产生的甘油经血液循环主要运到肝、肾、小肠黏膜等组织中代谢，可氧化供能，也可异生为糖。

$$甘油 \xrightarrow[ATP \curvearrowright ADP]{甘油激酶} \alpha\text{-磷酸甘油} \xrightarrow[NAD^+ \curvearrowright NADH+H^+]{\alpha\text{-磷酸甘油脱氢酶}} 磷酸二羟丙酮 \begin{cases} \nearrow 葡萄糖或糖原 \\ \searrow 二氧化碳、水、ATP \end{cases}$$

（三）脂肪酸的氧化

脂肪酸是体内氧化供能的主要物质，机体除脑细胞和成熟红细胞外，大多数组织都能利用脂肪酸氧化供能，但以肝和肌组织最为活跃。线粒体是脂肪酸氧化的主要部位。脂肪酸氧化过程可概括为：活化与转运、β 氧化、乙酰 CoA 的彻底氧化三个阶段。

1. 脂肪酸的活化与转运　脂肪酸的活化是指脂肪酸在脂酰 CoA 合成酶的催化下转变为脂酰 CoA 的过程。此反应在细胞质中进行，由 ATP 供能。活化后生成的脂酰 CoA 分子中不仅含有高能硫酯键，且极性增加，提高了脂肪酸的代谢活性。该反应为脂肪酸分解过程中唯一耗能的反应。

$$脂肪酸+HS\text{-}CoA+ATP \xrightarrow[Mg^{2+}]{脂酰CoA合成酶} 脂酰CoA+AMP+PPi$$

反应中生成的焦磷酸（PPi）很快被水解，阻止了逆向反应的进行。ATP 供能后生成 AMP，AMP 需经两次磷酸化才能再生成 ATP，故 1 分子脂肪酸活化变成脂酰 CoA，等于消耗了 2 分子 ATP。

脂肪酸活化是在细胞质中进行的，而催化脂肪酸氧化的酶系存在于线粒体基质内，且脂酰 CoA 不能自由穿过线粒体的内膜，其脂酰基需借助内膜上肉毒碱的携带，而被转运进入线粒体基质，进入基质的脂酰基与 CoA-SH 结合后又转变为脂酰 CoA，开始氧化分解。

2. 脂酰 CoA 的 β 氧化　脂酰 CoA 进入线粒体基质后，在脂肪酸 β 氧化酶系催化下进行氧化分解，由于氧化主要是在脂酰基的 β- 碳原子上发生的，故称为 β 氧化。β 氧化过程包括脱氢、加水、再脱氢、硫解 4 个连续反应步骤。每进行一次 β 氧化，生成 1 分子乙酰 CoA 和 1 分子比原来少 2 个碳原子的脂酰 CoA。后者再进行 β 氧化，如此反复进行，直至完全氧化为乙酰 CoA（图 7-1）。

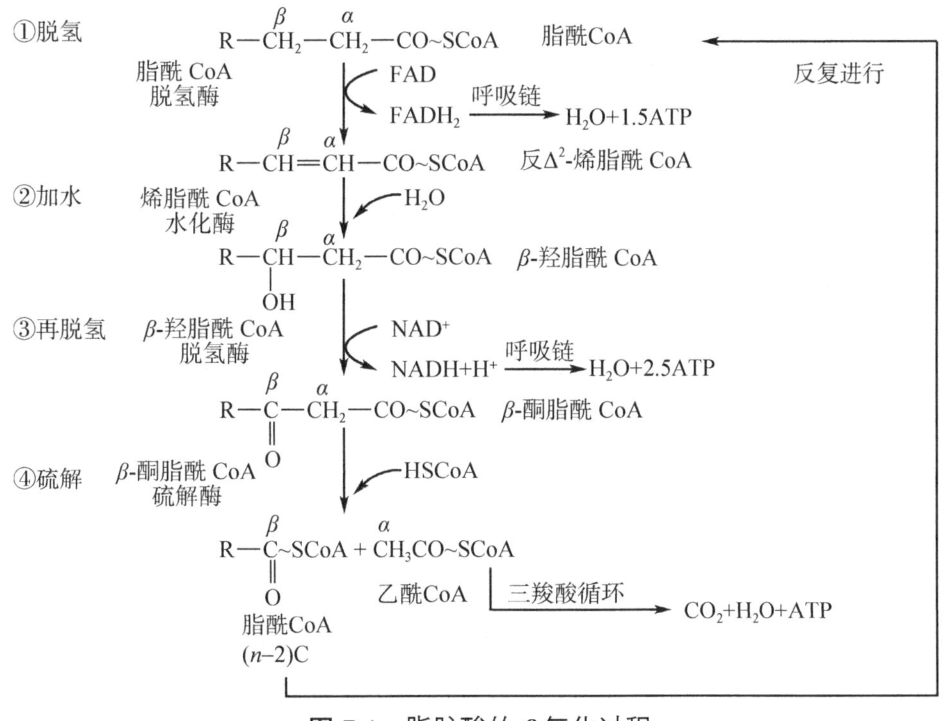

图 7-1　脂肪酸的 β 氧化过程

每一次 β 氧化过程中有两次脱氢，第一次脱氢，脱下的 2 个氢原子由辅基 FAD 接受生成 $FADH_2$，后者经电子传递链氧化生成 H_2O，释放的能量可生成 1.5 分子 ATP。第二次脱氢，脱下的 2H 由 NAD^+ 接受生成 $NADH+H^+$，后者经电子传递链氧化生成 H_2O，释放的能量可生成 2.5 分子 ATP。所以 β 氧化每进行一次可生成 4 分子 ATP。

3. 乙酰 CoA 的彻底氧化　β 氧化过程中产生的乙酰 CoA，与其他代谢途径（包括糖代谢及氨基酸分解代谢）产生的乙酰 CoA 一样，经三羧酸循环被彻底氧化，生成 CO_2 和 H_2O，并释放能量。

脂肪酸氧化过程中释放的大量能量，除一部分以热能形式散发维持体温外，其余以化学能形式储存在 ATP 中。现以软脂肪为例计算 ATP 的生成量。软脂肪是 16 个碳原子的饱和脂肪酸，需经 7 次 β 氧化，产生 8 分子乙酰 CoA。因此在 β 氧化阶段生成 4×7=28 分子 ATP，在三羧酸循环阶段生成 10×8=80 分子 ATP。由于脂肪酸活化时消耗了 2 分子 ATP，故 1 分子软脂肪完全氧化分解净生成 28+80–2=106 分子 ATP。由此可见，脂肪酸是体内重要的能源物质。

考点 脂肪酸 β 氧化的步骤、终产物

（四）酮体的生成和利用

在心肌和骨骼肌等肝外组织中，脂肪酸经 β 氧化生成的乙酰 CoA 能彻底氧化供能。但在肝细胞中 β 氧化生成的乙酰 CoA，除了氧化供能，还能缩合生成酮体。酮体是脂肪酸在肝内氧化时产生的特有的正常中间产物，包括乙酰乙酸、β- 羟丁酸和丙酮。

1. 酮体的生成　酮体在肝细胞的线粒体内合成。合成原料为脂肪酸经 β 氧化生成的乙酰 CoA（图 7-2）。

肝细胞线粒体内含有合成酮体的酶类，特别是 HMG-CoA 合成酶，此酶是酮体合成的限速酶。

2. 酮体的利用　肝脏能合成酮体，但缺乏利用酮体的酶，因此不能氧化酮体，肝所生成的酮体可以经血液运往肝外组织被氧化利用，其特点是肝内生成，肝外利用。肝外组织，特别是骨骼肌、心肌、脑和肾脏中有活性很强的利用酮体的酶，可将酮体转化为乙酰 CoA，再通过三羧酸循环彻底氧化分解供能（图 7-3）。丙酮不能按上述方式氧化，由于量少可随尿排出，当血中酮体显著升高时，丙酮也可从肺直接呼出，使呼出气体有烂苹果味。

考点 酮体合成的原料及限速酶

3. 酮体生成的生理意义　酮体是肝内氧化脂肪酸产生的一类正常中间产物，是肝输出脂肪酸类能源物质的一种形式，它可以作为饥饿时大脑及肌肉组织的重要能源。酮体分子小，水溶性强，容易通过血脑屏障和毛细血管壁为组织提供能量。尤其是饥饿时，更显现出酮体对脑的重要性。长期饥饿或糖供给不足时，脂肪动员增强，体内大多数组织主要依靠脂肪酸供能，脑组织不能氧化脂肪酸，却能利用由脂肪酸转变成的酮体，获得其所需要的能量。

正常人血中酮体含量很少，仅含 0.03 ～ 0.50mmol/L。其中 β- 羟丁酸约占酮体总量的 70%，乙酰乙酸约占 30%，而丙酮的量极微。在饥饿及糖尿病时，脂肪动员及脂肪酸氧化分解增强，肝内酮体增多，超过肝外的利用能力，将引起血中酮体升高，称为酮血症。此时，一部分酮体可随尿排出，称为酮尿。由于酮体中乙酰乙酸和 β- 羟丁酸都是酸性物质，酮血症时可引起代谢性酸中毒，又称酮症酸中毒。

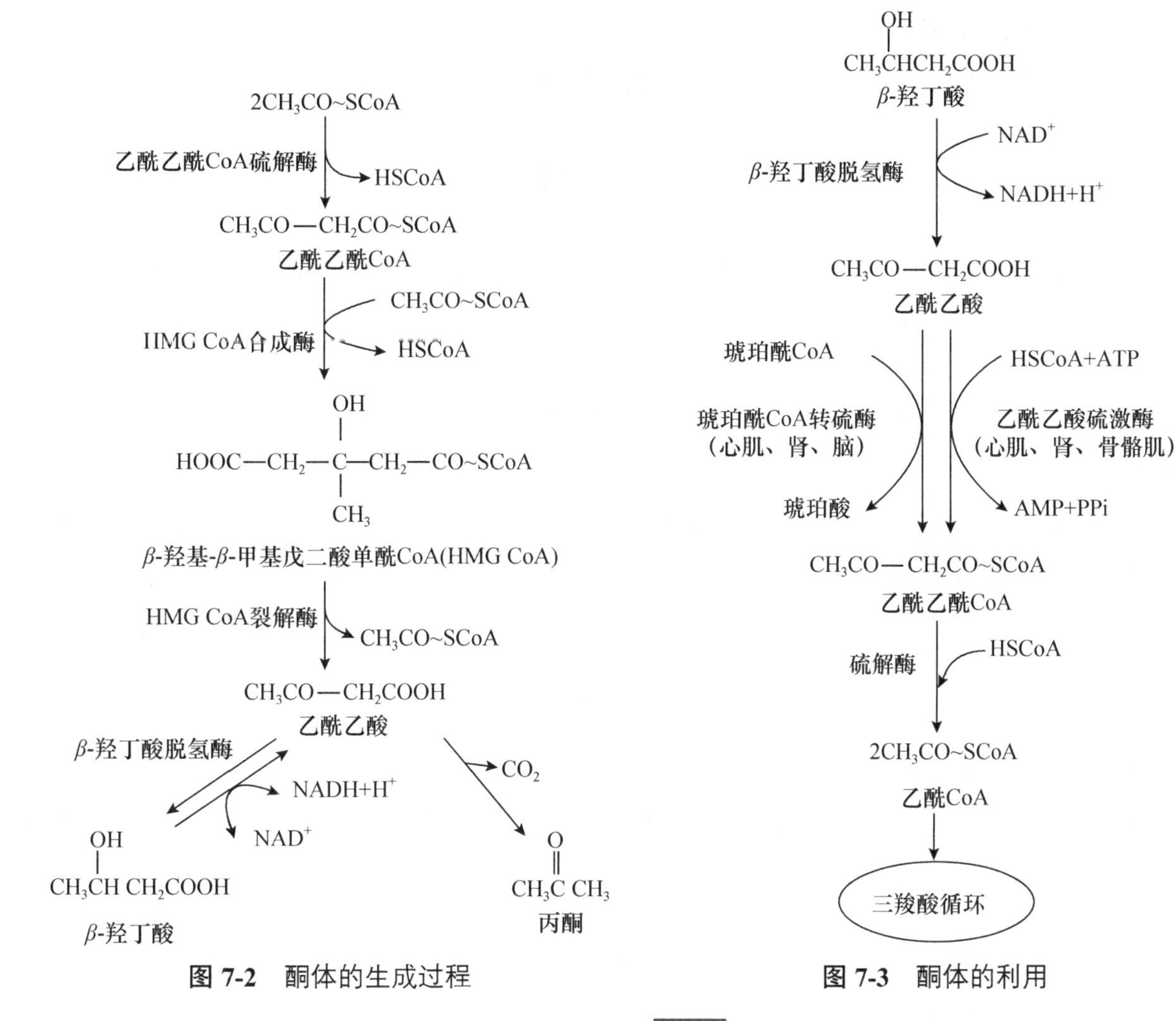

图 7-2 酮体的生成过程

图 7-3 酮体的利用

考点 酮体的代谢特点和酮体生成的生理意义

> **链接**
>
> **口气知多少**
>
> 在人际交往中，口中呼出难闻的气味是很不雅的，可小小的口气也可能是身体患病的表现。消化不良患者可呼出酸腐气味；牙周炎、龋齿患者可呼出恶臭气味；肺脓肿、支气管扩张患者会呼出腥臭味；糖尿病酮症酸中毒患者会呼出烂苹果味；严重尿毒症患者可呼出尿臭味；有机磷农药中毒可呼出大蒜味；肝性脑病患者会呼出鼠臭味。

二、脂肪的合成代谢

肝、脂肪组织及小肠是体内合成脂肪的主要部位。体内合成脂肪的原料是 α- 磷酸甘油和脂酰 CoA。

（一）α- 磷酸甘油的来源

α- 磷酸甘油可来自甘油的磷酸化，也可来自糖代谢。

（二）脂酰 CoA 的来源

脂肪酸活化生成脂酰 CoA。脂肪酸可来自食物，也可在体内合成。体内合成脂肪酸的主要原料是乙酰 CoA，并主要来自糖的氧化分解。由此可见，糖在体内很容易转变成脂肪。

（三）脂肪的合成

以 α- 磷酸甘油及脂酰 CoA 为原料，在脂酰基转移酶及磷酸酶的催化下合成脂肪。

第 3 节　胆固醇的代谢

胆固醇是具有环戊烷多氢菲的衍生物，最早从动物胆石中分离出来，故称为胆固醇。胆固醇既是生物膜及血浆脂蛋白的重要成分，又是类固醇激素、胆汁酸等生理活性物质的原料。胆固醇广泛分布于全身各组织中，正常成人体内含胆固醇约为 140g，但分布极不均匀，神经组织（特别是脑）、肾上腺皮质等组织中含量特别高，其次是肝、肾、小肠等组织，而肌肉中含量较低。

人体胆固醇来源主要有两方面。一靠体内合成，也是人体胆固醇的主要来源；二从食物中摄取。正常人每天膳食中含胆固醇 300 ～ 500mg，主要来自动物内脏、蛋黄、奶油及肉类。植物性食品不含胆固醇，而含植物固醇，不易被人体吸收，摄入过多可抑制胆固醇的吸收。

一、胆固醇的合成

（一）合成部位与原料

成年人除脑组织及成熟红细胞外，其他各组织均可合成胆固醇。人体每天合成胆固醇的总量为 1.0 ～ 1.5g，肝是合成胆固醇的主要场所，其合成量占总量的 70% ～ 80%，其次为小肠，可占总量的 10%。

胆固醇合成的原料是乙酰 CoA，凡能生成乙酰 CoA 的物质均可合成胆固醇，如葡萄糖、脂肪酸及某些氨基酸等。此外还需要有 ATP 提供能量，由 $NADPH+H^+$ 提供氢。

（二）合成过程

合成胆固醇的酶系分布在细胞的胞质及内质网上，限速酶是 HMG-CoA 还原酶，合成过程很复杂（图 7-4）。

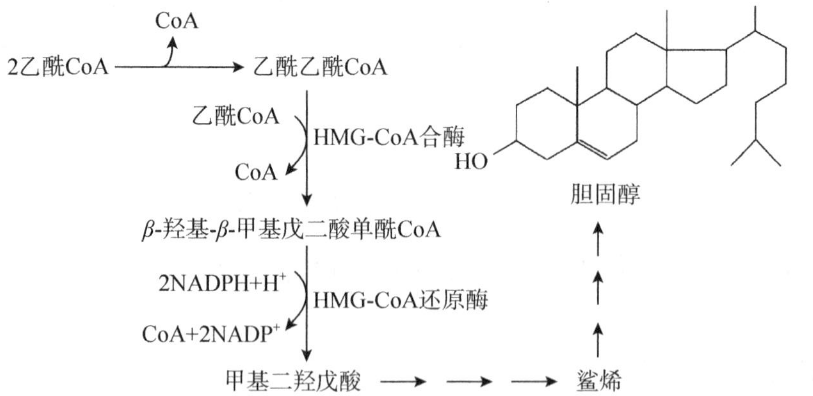

图 7-4　胆固醇合成的基本过程

二、胆固醇的酯化

细胞内和血浆中的游离胆固醇都可以被酯化成胆固醇酯，但不同部位催化胆固醇酯化的酶及其反应过程不同。

（一）细胞内胆固醇的酯化

细胞内的游离胆固醇，可在脂酰 CoA- 胆固醇脂酰转移酶（ACAT）的催化下，接受脂酰 CoA 的脂酰基形成胆固醇酯。

$$\text{脂酰CoA+胆固醇} \xrightarrow{\text{ACAT}} \text{胆固醇酯+HSCoA}$$

（二）血浆内胆固醇的酯化

血浆蛋白中的游离胆固醇，在卵磷脂 - 胆固醇脂酰基转化酶（LCAT）的催化下，接受卵磷脂第 2 位碳原子上的脂酰基，生成胆固醇酯和溶血卵磷脂。

$$\text{卵磷脂+胆固醇} \xrightarrow{\text{LCAT}} \text{胆固醇酯+溶血卵磷脂}$$

LCAT 是在肝合成后分泌入血才发挥作用的，当肝功能受损时，可使 LCAT 活性降低，从而引起血浆胆固醇酯含量下降。

三、胆固醇的去路

胆固醇在机体内不能氧化供能，但可转变为多种具有重要生理功能的类固醇物质。

（一）胆固醇的转化

1. 转变为胆汁酸　胆固醇在体内的主要代谢去路是在肝中转变为胆汁酸。人体每天合成的胆固醇，约 2/5 在肝中转变为胆汁酸，并以胆汁酸盐的形式随胆汁排入肠道，促进脂类物质的消化吸收。胆汁酸对胆汁中的胆固醇也具有助溶作用。

2. 转变为类固醇激素　在肾上腺皮质、性腺等组织中，胆固醇可转化为肾上腺皮质激素和性激素，参与机体代谢调节。

3. 转变为维生素 D_3　胆固醇在肝、小肠黏膜及皮肤等处可氧化成 7- 脱氢胆固醇，随血液循环运输至皮肤并储存。皮下的 7- 脱氢胆固醇经阳光中紫外线照射可转变为维生素 D_3。活化后的维生素 D_3 可促进小肠对钙和磷的吸收。

（二）胆固醇的排泄

体内胆固醇可随胆汁进入肠道，少量被重吸收，大部分被肠道细菌还原为粪固醇随粪便排出。

考点 胆固醇的转化途径

第 4 节　磷脂的代谢

磷脂是指含有磷酸的脂类。按其组成可分为两大类，分别是由甘油构成的甘油磷脂和由鞘氨醇构成的鞘磷脂。人体含量最多的是甘油磷脂。

一、甘油磷脂的合成

甘油磷脂是由 1 分子甘油、2 分子脂肪酸、1 分子磷酸和 1 分子取代基团组成。主要包括磷脂酰胆碱（卵磷脂）和磷脂酰乙醇胺（脑磷脂）等，其中磷脂酰胆碱在体内分布广、含量多，约占磷脂总量的 50%。

1. 合成部位　人体各组织细胞的内质网均可合成甘油磷脂，但以肝、肾及肠最为活跃。

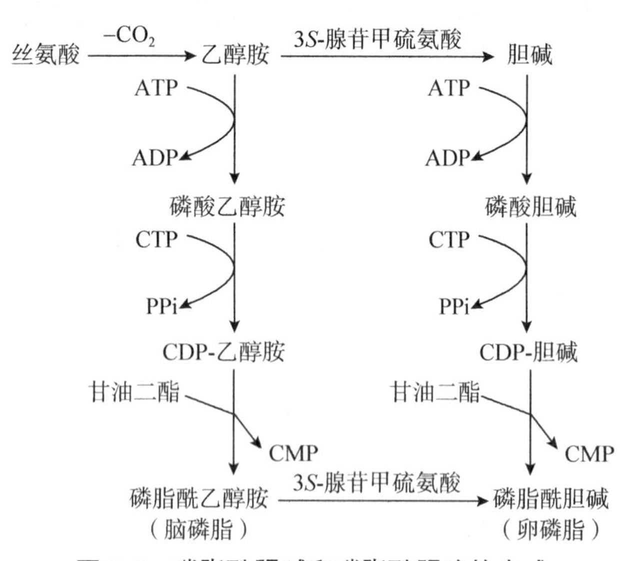

图 7-5　磷脂酰胆碱和磷脂酰胆胺的合成

2. 合成原料　合成原料主要有二酰甘油、胆碱和胆胺（乙醇胺）、丝氨酸等。二酰甘油由磷脂酸水解产生，胆碱和胆胺可由食物供给，也可由丝氨酸脱羧生成。合成需 ATP 和 CTP 提供能量。

3. 合成的基本过程　由食物供给或由丝氨酸脱羧生成的胆碱和胆胺，在体内一系列酶的催化下先活化成胞苷二磷酸胆胺（CDP- 胆胺）和胞苷二磷酸胆碱（CDP- 胆碱）。最后两者分别与二酰甘油作用，生成磷脂酰胆胺和磷脂酰胆碱，或由磷脂酰胆胺甲基化而生成磷脂酰胆碱（图 7-5）。

二、甘油磷脂的分解

人体内的甘油磷脂在各种磷脂酶的催化下，水解为甘油、脂肪酸、磷酸、胆碱和胆胺。这些物质可以氧化分解或被机体再利用。

第 5 节　血脂与血浆脂蛋白

一、血　　脂

血浆中的各种脂类物质统称为血脂。包括三酰甘油（TG）、磷脂（PL）、胆固醇（Ch）、胆固醇酯（CE）和游离脂肪酸（FFA）。

血浆脂类的来源和去路处于动态平衡（图 7-6）。血浆脂类虽占全身脂类的极少部分，但血脂转运于全身各组织之间，故其含量可以反映体内脂类的代谢状况，在临床上测定血脂含量以辅助诊断疾病。血浆中脂类含量的变动幅度较大，饭后 12 小时之后趋于稳定，因此临床采血时间为空腹 12 ～ 14 小时后。

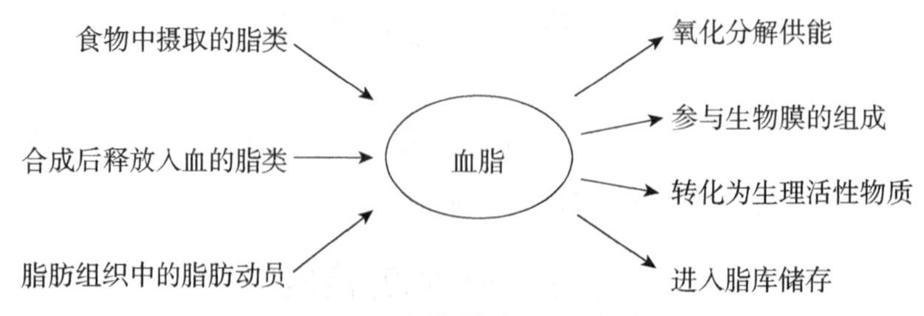

图 7-6　血脂的来源与去路

二、血浆脂蛋白

脂类难溶于水，必须与水溶性强的蛋白质（载脂蛋白）结合，形成血浆脂蛋白后，才能通过血液进行运输，因此血浆脂蛋白是脂类在血液中的运输形式。

参与血浆脂蛋白组成的脂类物质包括三酰甘油、磷脂、胆固醇、胆固醇酯。游离脂肪酸在血浆中与其载体清蛋白结合而运输，不参与血浆脂蛋白的构成。

（一）血浆脂蛋白的分类

根据组成脂类的比例及蛋白质的量不同，对脂蛋白进行分类的主要方法有超速离心法和电泳分离法。

1. 超速离心法（密度分离法） 不同脂蛋白中各种脂类和蛋白质所占的比例不同，其密度也会存在差异，含三酰甘油多蛋白质少的密度小，反之密度大。将血浆置于一定密度的盐溶液中超速离心（约50000r/min），其所含的脂蛋白按密度由小到大可分离为：乳糜微粒（CM）、极低密度脂蛋白（VLDL）、低密度脂蛋白（LDL）和高密度脂蛋白（HDL）。

2. 电泳分离法 由于不同脂蛋白中载脂蛋白的种类和含量不同，其表面所带电荷多少及颗粒大小也不同，在电场的作用下具有不同的迁移率，按迁移速度由快到慢依次排列为：α-脂蛋白（α-LP）、前β-脂蛋白（pre β-LP）、β-脂蛋白（β-LP）和乳糜微粒（CM）（图7-7）。

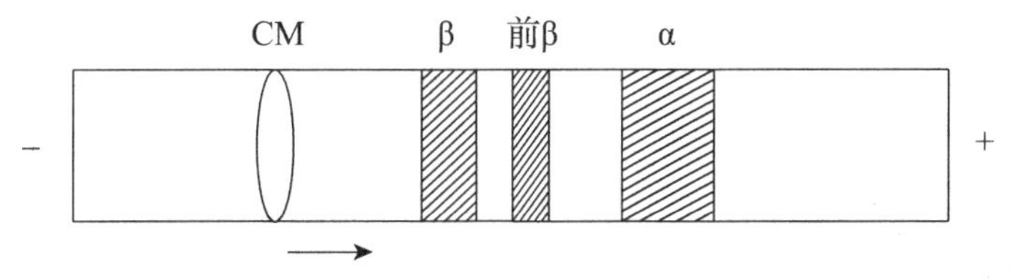

图7-7 血浆脂蛋白电泳图谱示意图

（二）血浆脂蛋白的生理功能

1. 乳糜微粒（CM） CM是由小肠黏膜细胞吸收食物中脂类后所形成的脂蛋白，经淋巴进入血液循环，是运输外源性三酰甘油的主要形式。当人体食入大量脂肪后，血中乳糜微粒增多，故饭后血浆浑浊，数小时后血浆便澄清，这种现象称为脂肪的廓清。其形成机制是，当CM随血液流经肌肉和脂肪等组织的毛细血管时，其中的三酰甘油可被毛细血管内皮细胞表面的脂蛋白脂肪酶（LPL）水解所致，因此正常人空腹血浆中没有乳糜微粒。

2. 极低密度脂蛋白（VLDL） 主要由肝细胞合成，其作用是将肝合成的内源性三酰甘油运输到肝外组织。运输途中，VLDL中的三酰甘油可被LPL水解，因此，正常成人空腹血浆中含量较低。VLDL合成障碍时，三酰甘油不能正常运出肝脏，在肝内堆积过多可形成脂肪肝。

3. 低密度脂蛋白（LDL） LDL是在血浆中由极低密度脂蛋白转变而来，它是转运内源性胆固醇的主要形式。LDL是血浆中主要的脂蛋白，约占血浆脂蛋白总量的2/3。LDL含量增高的人，容易诱发动脉粥样硬化。

4. 高密度脂蛋白（HDL） 主要由肝合成，小肠也可合成。它的主要功能是从肝外组织将胆固醇转运到肝中进行代谢。这种胆固醇的逆向转运，可清除外周组织中的胆固醇，防止胆固醇沉积在动脉管壁和其他组织中。正常成人空腹血浆中 HDL 含量较为稳定，约占血浆脂蛋白总量的 1/3。因此，血浆 HDL 含量增高的人，动脉粥样硬化的发病倾向较小。

血浆脂蛋白的分类、组成特点、合成部位及主要功能见表 7-1。

表 7-1 各种血浆脂蛋白的组成及功能

分类	密度分类法	CM	VLDL	LDL	HDL
	电泳分类法	CM	前 β-LP	β-LP	α-LP
组成（%）	蛋白质	0.5 ～ 2	5 ～ 10	20 ～ 25	50
	三酰甘油	80 ～ 95	50 ～ 70	10	5
	胆固醇	1 ～ 4	15	45 ～ 50	20
	磷脂	5 ～ 7	15	20	25
合成部位		小肠黏膜	肝	血浆	肝、小肠
功能		转运外源性三酰甘油	转运内源性三酰甘油	转运胆固醇（肝内→肝外）	转运胆固醇（肝外→肝内）

考点 血浆脂蛋白的生理功能

三、高脂血症

血脂高于正常参考值的上限称为高脂血症。由于血脂在血浆中是以脂蛋白形式运输，高脂血症即可认为是高脂蛋白血症。临床上常见的高脂血症是高三酰甘油血症和高胆固醇血症。

高脂血症分为原发性与继发性两大类。原发性高脂血症主要与遗传因素有关，这主要是由于载脂蛋白、脂蛋白受体或脂蛋白代谢缺陷引起的；继发性高脂血症主要由糖尿病、肝肾疾病、甲状腺功能减退症等疾病所致。高脂血症是导致动脉硬化、冠心病、脑血栓和脑出血等发生的危险因素。

链接

老年环与高胆固醇血症

老年环是血液中的脂类物质沉积于角膜所致。角膜本身没有血管，其营养来自角膜缘的血管网和眼内的房水。当血液和房水中的胆固醇、三酰甘油等脂类物质含量过高时，就会在角膜组织内沉积，在角膜边缘形成灰白色的环。

老年环多发生在有动脉硬化和高胆固醇血症的老人，也偶见于血脂过高的青年人或中年人。有老年环者的总胆固醇水平高于正常的概率增加了不少，而没有老年环的老人患高胆固醇血症和高三酰甘油血症的概率又降低了很多。

自 测 题

一、名词解释

1. 脂肪动员　2. 酮体

二、单项选择题

1. 血浆脂类运输的主要形式是（　　）

A. 脂蛋白　B. 载脂蛋白
C. 糖蛋白　D. 球蛋白
E. 清蛋白

2. 胆汁酸是由下列何种物质转化而来（　　）

A. 类固醇激素　B. 维生素
C. 胆固醇　D. 磷脂
E. 胆红素

3. 体内合成胆固醇最多的组织是（　　）

A. 肝脏　B. 大脑
C. 心脏　D. 肾上腺
E. 皮肤

4. 长期饥饿时尿中含量增多的物质是（　　）

A. 乳酸　B. 酮体
C. 丙酮酸　D. 草酰乙酸
E. 葡萄糖

5. 有防止动脉粥样硬化功用的脂蛋白是（　　）

A. CM　B. VLDL
C. LDL　D. HDL
E. 清蛋白

6. 可真实反映血脂情况，常在饭后几小时采血（　　）

A. 3～6小时　B. 8～10小时
C. 12～14小时　D. 16～18小时
E. 24小时

7. CM的主要功能是（　　）

A. 转运外源性三酰甘油
B. 转运内源性三酰甘油
C. 转运胆固醇由肝内到肝外
D. 转运胆固醇由肝外到肝内
E. 将肝中胆固醇转化成胆汁酸

8. HDL的主要功能是（　　）

A. 运输外源性脂肪
B. 运输内源性脂肪
C. 转运胆固醇由肝内到肝外
D. 转运胆固醇由肝外到肝内
E. 水解脂肪

9. 胆固醇在体内可转化成（　　）

A. CO_2 和 H_2O　B. 乙酰CoA
C. 脂肪酸　D. 糖原
E. 肾上腺皮质激素

（陈　旭）

|第 8 章|

蛋白质的分解代谢

氨基酸是蛋白质的基本组成单位。蛋白质在分解代谢的过程中，首先分解为氨基酸，然后再进一步进行分解代谢，所以氨基酸的分解代谢是蛋白质分解代谢的中心内容。体内蛋白质的更新与氨基酸的分解均需要食物蛋白质来补充，所以在讨论氨基酸的分解代谢之前，首先介绍蛋白质的营养价值及消化吸收。

第 1 节 蛋白质的营养价值及消化吸收

一、蛋白质的营养价值

（一）蛋白质的生理功能

1. 维持组织细胞的生长、更新和修复 蛋白质是机体组织细胞的主要结构成分，是细胞中除水以外含量最高的物质。机体的生长发育、组织细胞的更新以及受损组织细胞的修复都需要蛋白质的参与。因此，人体每日都必须从食物中摄取一定量的蛋白质，这对生长发育时期的儿童、青少年、孕妇提供充足的优质蛋白质尤为重要。

2. 参与重要的生理功能 蛋白质参与体内各种生理活动，如催化代谢反应的酶、参与机体防御功能的抗体都是蛋白质。此外，肌肉收缩、物质运输、代谢调节、血液凝固、遗传与变异等生理功能也是由蛋白质来完成的。

3. 氧化供能 蛋白质在体内分解为氨基酸后，经脱氨基作用生成的 α- 酮酸可以直接或间接进入三羧酸循环氧化供能。一般成人每日有 10% ～ 15% 的能量来自蛋白质，氧化供能是蛋白质的次要生理功能。

考点 蛋白质的生理功能

链接

人体必需的营养物质

营养物质是指能够维持机体正常的生命活动、保证机体生长、发育及繁殖等功能的外源物质。营养物质具有提供能量、构建和修复机体组织以及调节机体生理功能的作用。人体必需的营养物质有六大类：糖类、脂类、蛋白质、水、无机盐和维生素。一些科学家把纤维素称为人体“第七营养素”，其具有促进胃肠蠕动及通便等作用。

（二）蛋白质的需要量

每日摄入多少蛋白质才能满足机体的需要呢？氮平衡是研究蛋白质需要量的重要手段。

1. 氮平衡 氮平衡是指人体每日摄入氮量与排出氮量之间的对比关系。摄入的氮量主要来源于食物中的蛋白质，主要用于体内蛋白质的合成；排出氮量主要是指粪便和尿液中的含氮化合物中的氮，主要是体内蛋白质分解代谢的产物。所以，氮平衡试验可反映体内蛋白质合成与分解的代谢状况。氮平衡可分为以下三种类型。

（1）总氮平衡：摄入氮 = 排出氮，表明体内蛋白质的合成与分解处于动态平衡。总氮平衡见于营养正常的健康成年人。

（2）正氮平衡：摄入氮 > 排出氮，表明体内蛋白质的合成大于分解，部分摄入的氮用于合成体内新增加的组织蛋白质。正氮平衡见于婴幼儿、儿童、青少年、孕妇、乳母及恢复期患者。

（3）负氮平衡：摄入氮＜排出氮，表明体内蛋白质的合成小于分解。负氮平衡常见于饥饿及消耗性疾病患者。

临床对于不能进食、营养不良、严重腹泻及术后患者，为了保证其机体氨基酸的需要量，维持氮平衡，应从静脉进行混合氨基酸的输液。

考点 氮平衡的概念、类型及常见人群

2. 蛋白质的需要量　根据氮平衡实验计算，健康成人（以60kg体重为例）在不进食蛋白质时，每天最低分解蛋白质约20g。由于与人体蛋白质在组成上的差异，食物蛋白不可能全部被吸收利用，故成人每天至少需要蛋白质30～50g。为了长期维持总氮平衡，我国营养学会推荐成人每日蛋白质需要量为80g。婴幼儿、儿童、青少年、孕妇、乳母及恢复期患者等特殊人群还应适当增加蛋白质的供给量。

（三）蛋白质的营养价值

1. 必需氨基酸　组成人体蛋白质的氨基酸有20种，其中有8种人体不能合成，必须从食物中摄取，称为营养必需氨基酸。其他12种氨基酸人体可以合成，不必依赖食物供给，称为营养非必需氨基酸。

链接

必需氨基酸的记忆口诀

人体必需氨基酸有8种，可采用谐音法记忆。这里有两种有趣的谐音记忆口诀推荐给大家。①“携一两本淡色书来”：“携”缬氨酸，“一”异亮氨酸，“两”亮氨酸，“本”苯丙氨酸，“淡”蛋氨酸（甲硫氨酸），“色”色氨酸，“书”苏氨酸，“来”赖氨酸。②“一家写两三本书来”：“一”异亮氨酸，“家”甲硫氨酸（蛋氨酸），“写”缬氨酸，“两”亮氨酸，“三”色氨酸，“本”苯丙氨酸，“书”苏氨酸，“来”赖氨酸。

考点 必需氨基酸的概念、种类

2. 蛋白质营养价值评价　蛋白质的营养价值是指食物蛋白质在体内的利用率。蛋白质营养价值的高低主要取决于食物蛋白质中必需氨基酸的种类、数量和比例。一般情况下，含必需氨基酸种类多、比例高的蛋白质营养价值高，反之营养价值低。动物蛋白质所含必需氨基酸的种类和比例与人体所需要的相接近，故营养价值高于植物蛋白质。

考点 食物蛋白质营养价值评价标准

3. 蛋白质的互补作用　将几种营养价值较低的蛋白质混合食用，必需氨基酸可以互相补充，从而提高蛋白质的营养价值，称为食物蛋白质的互补作用。例如，谷类蛋白质含赖氨酸

较少而含色氨酸较多，豆类蛋白质则含赖氨酸较多而含色氨酸较少，两者混合食用，可使这两种必需氨基酸的含量互相补充，在比例上更接近人体的需要，提高营养价值。所以我们平时膳食种类应多样化、合理化。

考点 蛋白质互补作用的概念

二、蛋白质的消化吸收

食物蛋白质的消化起始于胃，主要消化部位在小肠。食物蛋白质的消化、吸收是体内氨基酸的主要来源；消化过程还可消除食物蛋白质的抗原性，避免引起机体的过敏反应和毒性反应。氨基酸的吸收主要在小肠中进行。

食物中的蛋白质绝大部分都被彻底消化并吸收。未被消化的蛋白质及未被吸收的消化产物在小肠下部受到肠道细菌的分解，称为蛋白质的腐败作用。腐败作用的产物大多数对人体有害，如胺类、氨、酚、吲哚、硫化氢等，但也产生少量可被机体利用的物质，如脂肪酸和维生素等。正常情况下，腐败产物主要随粪便排出，只有少量被吸收经门静脉入肝，经肝的代谢转变而消除毒性，不会发生中毒现象。

第 2 节　氨基酸的一般代谢

一、氨基酸的来源与去路

食物中的蛋白质经过消化吸收后，以氨基酸的形式通过血液循环运输到全身各组织，组织中的蛋白质也可分解为氨基酸，同时机体还可以合成一部分非必需氨基酸。这些不同来源的氨基酸混合在一起，存在于各种体液中，共同构成机体的氨基酸代谢库。

代谢库中的氨基酸有四条去路：①合成组织蛋白质，满足机体生长发育和组织更新修复等需要，这是氨基酸的主要去路；②经脱氨基作用生成氨和相应的 α- 酮酸，这是氨基酸分解代谢的主要去路；③经脱羧基作用生成胺和 CO_2；④转变为嘌呤、嘧啶等含氮化合物。

正常情况下代谢库中氨基酸的来源和去路保持动态平衡。氨基酸的代谢概况见图 8-1。

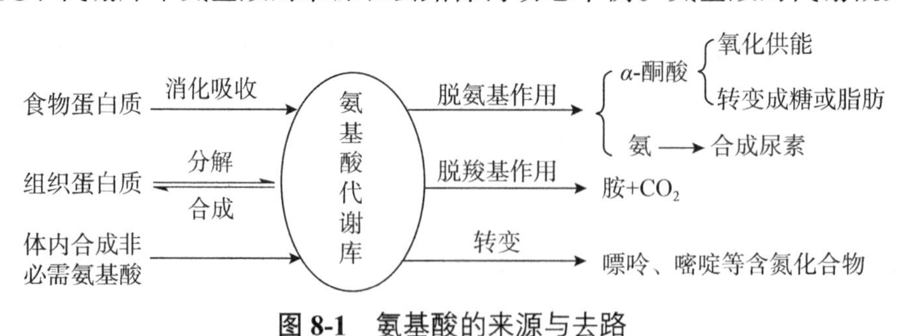

图 8-1　氨基酸的来源与去路

二、氨基酸的脱氨基作用

氨基酸的脱氨基作用是体内氨基酸分解代谢的主要途径，在体内大多数组织中均可进行。

（一）脱氨基作用的方式

氨基酸的脱氨基作用的方式包括氧化脱氨基作用、转氨基作用和联合脱氨基作用等方式，其中以联合脱氨基作用最为重要。

1. 氧化脱氨基作用　氧化脱氨基作用是指氨基酸在酶的催化下脱氢氧化的同时脱去氨基的过程。体内有多种氨基酸氧化酶，其中以 *L*- 谷氨酸脱氢酶最为重要。该酶以 NAD^+ 或 $NADP^+$ 为辅酶，可催化谷氨酸脱氢生成亚谷氨酸，亚谷氨酸水解生成 *α*- 酮戊二酸和氨。该反应可逆，逆反应是合成非必需氨基酸的途径之一。

$$\underset{L\text{-谷氨酸}}{\begin{array}{c}COOH\\|\\(CH_2)_2\\|\\CHNH_2\\|\\COOH\end{array}} \underset{NAD^+ \curvearrowright NADH+H^+}{\overset{L\text{-谷氨酸脱氢酶}}{\rightleftharpoons}} \underset{\text{亚谷氨酸}}{\begin{array}{c}COOH\\|\\(CH_2)_2\\|\\C=NH\\|\\COOH\end{array}} \underset{-H_2O}{\overset{+H_2O}{\rightleftharpoons}} \underset{\alpha\text{-酮戊二酸}}{\begin{array}{c}COOH\\|\\(CH_2)_2\\|\\C=O\\|\\COOH\end{array}} +NH_3$$

L- 谷氨酸脱氢酶主要分布于肝、肾和脑等组织中，活性高，特异性强，但在骨骼肌和心肌组织中活性较弱。

考点 氨基酸脱氨基作用的方式

2. 转氨基作用　在氨基转移酶的催化下，一种 *α*- 氨基酸脱去氨基生成相应的 *α*- 酮酸，而另一种 *α*- 酮酸得到此氨基生成相应的 *α*- 氨基酸，此过程称为转氨基作用。其反应通式如下：

$$\underset{\alpha\text{-氨基酸}}{\begin{array}{c}R_1\\|\\H-C-NH_2\\|\\COOH\end{array}} + \underset{\alpha\text{-酮酸}}{\begin{array}{c}R_2\\|\\C=O\\|\\COOH\end{array}} \overset{\text{氨基转移酶}}{\rightleftharpoons} \underset{\alpha\text{-酮酸}}{\begin{array}{c}R_1\\|\\C=O\\|\\COOH\end{array}} + \underset{\alpha\text{-氨基酸}}{\begin{array}{c}R_2\\|\\H-C-NH_2\\|\\COOH\end{array}}$$

转氨基反应是可逆的，所以也是体内合成非必需氨基酸的重要途径。转氨基作用只是使氨基在不同氨基酸之间发生了转移，氨基并没有真正脱去形成 NH_3。

氨基转移酶的辅酶为磷酸吡哆醛和磷酸吡哆胺，是维生素 B_6 的活性形式，两者互变，起着传递氨基的作用。

氨基转移酶种类多、分布广，体内较为重要的氨基转移酶有两种：丙氨酸氨基转移酶（ALT）和天冬氨酸氨基转移酶（AST），它们分别催化下列反应：

$$\underset{\text{丙氨酸}}{\begin{array}{c}CH_3\\|\\H-C-NH_2\\|\\COOH\end{array}} + \underset{\alpha\text{-酮戊二酸}}{\begin{array}{c}COOH\\|\\(CH_2)_2\\|\\C=O\\|\\COOH\end{array}} \overset{ALT}{\rightleftharpoons} \underset{\text{丙酮酸}}{\begin{array}{c}CH_3\\|\\C=O\\|\\COOH\end{array}} + \underset{\text{谷氨酸}}{\begin{array}{c}COOH\\|\\(CH_2)_2\\|\\H-C-NH_2\\|\\COOH\end{array}}$$

$$\underset{\text{天冬氨酸}}{\begin{array}{c}COOH\\|\\CH_2\\|\\H-C-NH_2\\|\\COOH\end{array}} + \underset{\alpha\text{-酮戊二酸}}{\begin{array}{c}COOH\\|\\(CH_2)_2\\|\\C=O\\|\\COOH\end{array}} \overset{AST}{\rightleftharpoons} \underset{\text{草酰乙酸}}{\begin{array}{c}COOH\\|\\CH_2\\|\\C=O\\|\\COOH\end{array}} + \underset{\text{谷氨酸}}{\begin{array}{c}COOH\\|\\(CH_2)_2\\|\\H-C-NH_2\\|\\COOH\end{array}}$$

ALT、AST 在体内分布广泛，但在不同组织中的活性相差很远。ALT 在肝细胞中活性最高，AST 在心肌细胞中活性最高（表 8-1）。

表 8-1 正常成人各组织中 ALT 及 AST 活性（U/g 湿组织）

组织	ALT	AST	组织	ALT	AST
心	7 100	156 000	胰腺	2 000	28 000
肝	44 000	142 000	脾	1 200	14 000
骨骼肌	4 800	99 000	肺	700	10 000
肾	19 000	91 000			

氨基转移酶属于胞内酶，正常人血清中活性很低。当某些原因使细胞膜的通透性增高时，可有大量的氨基转移酶释放入血，造成血清中氨基转移酶活性明显升高。例如，急性肝炎患者血清 ALT 活性明显升高；心肌梗死患者血清中 AST 活性明显升高。因此，测定血清氨基转移酶活性的变化，可作为临床诊断疾病和估计预后的指标。

考点 氨基转移酶测定的临床意义

3. 联合脱氨基作用　由两种或两种以上的酶共同作用使氨基酸最终脱去氨基生成 *α*- 酮酸的过程，称为联合脱氨基作用。联合脱氨基作用是体内氨基酸脱氨基作用的主要方式，又分为两种类型。

（1）氨基转移酶与谷氨酸脱氢酶的联合脱氨基作用：氨基酸与 *α*- 酮戊二酸在氨基转移酶的作用下进行转氨基作用，生成相应的 *α*- 酮酸和谷氨酸；谷氨酸再经 *L*- 谷氨酸脱氢酶催化发生氧化脱氨基作用，释放出游离氨并重新生成 *α*- 酮戊二酸（图 8-2）。

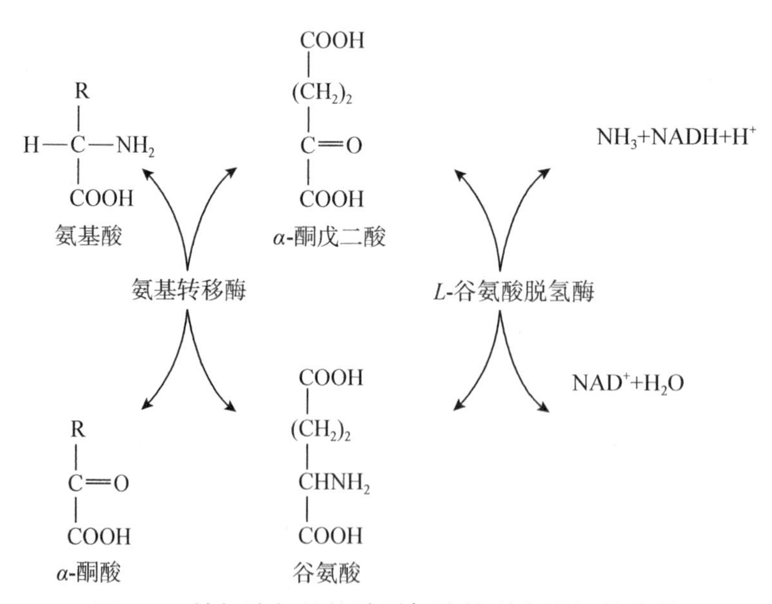

图 8-2 转氨酶与谷氨酸脱氢酶的联合脱氨基作用

除肌肉组织外，体内大多数组织主要借此方式进行氨基酸的脱氨基作用。此过程为可逆反应，其逆过程也是体内合成非必需氨基酸的主要途径。

（2）嘌呤核苷酸循环：心肌、骨骼肌中 *L*- 谷氨酸脱氢酶活性较低，氨基酸的脱氨基作用主要通过嘌呤核苷酸循环完成（图 8-3）。

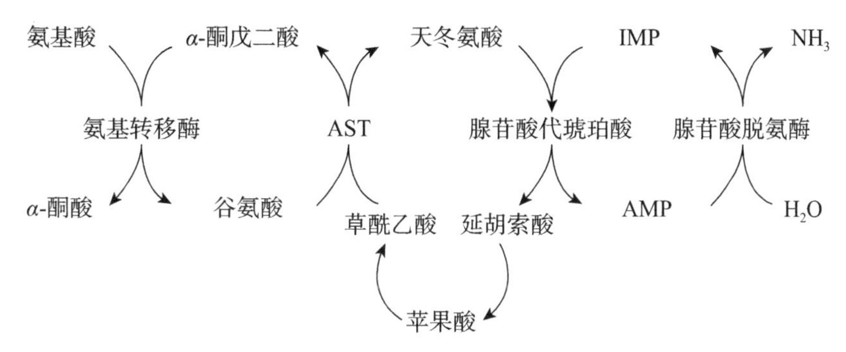

图 8-3　嘌呤核苷酸循环

（二）氨的代谢

氨是机体正常代谢的产物，具有毒性，脑组织对氨的作用尤为敏感。例如，给家兔注射氯化铵，当其血氨浓度达到 2.9mmol/L 时即可致死。正常情况下，体内氨不发生堆积中毒，是由于体内有较强的解除氨中毒的代谢机制，使血氨的来源和去路保持动态平衡，血氨浓度维持相对恒定。正常人血浆中氨的水平很低，含量一般不超过 0.06mmol/L。氨的主要来源与去路如图 8-4 所示。

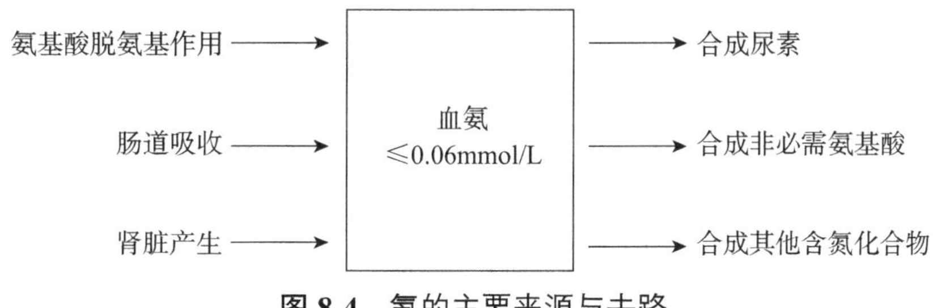

图 8-4　氨的主要来源与去路

1. 氨的来源

（1）氨基酸脱氨基作用：体内氨基酸脱氨基作用是氨的主要来源。临床上对高血氨患者要限制蛋白质的补充。

（2）肠道吸收：肠道吸收的氨主要有两个来源，一是来自蛋白质腐败作用，即肠内食物中未被消化的蛋白质或未被吸收的氨基酸在肠道细菌作用下产生的氨；二是血中尿素扩散入肠腔后，经细菌尿素酶水解产生的氨。故用不被肠道吸收的抗生素，可抑制肠道细菌，减少肠道氨的产生。

每天肠道产氨约 4g，吸收部位主要在结肠，NH_3 比 NH_4^+ 更容易透过肠黏膜细胞而被吸收。NH_3 与 NH_4^+ 的互变受肠道 pH 的影响。当肠道 pH 下降时，NH_3 与 H^+ 结合生成 NH_4^+ 而扩散入肠腔，氨的吸收减少；当肠道 pH 升高时，则偏向于 NH_3 的生成，导致氨的吸收增加。因此，临床上对高血氨的患者采用酸性透析液做结肠透析，而禁止用碱性肥皂水灌肠，就是为了减少氨的吸收。

（3）肾脏产生：血液中的谷氨酰胺流经肾脏时，可被肾小管上皮细胞中的谷氨酰胺酶催化，水解生成谷氨酸和 NH_3。NH_3 主要被分泌到肾小管管腔中，与 H^+ 结合成 NH_4^+，以铵盐形式随尿排出体外。可见，酸性尿利于氨的排出；相反碱性尿阻碍氨的排出，氨则被吸收入血，引起血氨增高。因此，临床对于肝硬化患者禁用碱性利尿药，以防血氨升高。

（4）其他来源：胺类、嘌呤、嘧啶等含氮化合物的分解也能产生少量的氨。

2. 氨的去路

（1）合成尿素：正常情况下，体内氨代谢的主要去路是在肝脏内合成无毒的尿素，经肾脏排出。

肝是合成尿素的主要器官。实验证明，肝切除的动物，血及尿中尿素含量减少，而血氨浓度升高；临床上，急性重型肝炎患者的血及尿中几乎不含尿素，而血氨含量增多。

1932 年，Krebs 等提出了鸟氨酸循环学说（也称为尿素循环）（图 8-5），代谢过程如下。①氨基甲酰磷酸的合成：NH_3 与 CO_2 首先在肝细胞线粒体内，由氨基甲酰磷酸合成酶催化，合成氨基甲酰磷酸，同时消耗 2ATP。②瓜氨酸的合成：在鸟氨酸氨基甲酰转移酶的催化下，将氨基甲酰基转到鸟氨酸上生成瓜氨酸。该反应仍在线粒体内进行，生成的瓜氨酸由线粒体转运至胞液。③精氨酸的合成：在胞液中，瓜氨酸与天冬氨酸在精氨酸代琥珀酸合成酶的催化下，由 ATP 供能，合成精氨酸代琥珀酸，再经精氨酸代琥珀酸裂解酶催化，分解为精氨酸和延胡索酸。④尿素的生成：精氨酸在精氨酸酶的催化下，水解生成尿素和鸟氨酸。尿素是中性、无毒、水溶性极强的化合物，经血液至肾排出体外。鸟氨酸再进入线粒体，参与瓜氨酸的合成，如此反复，尿素不断合成。

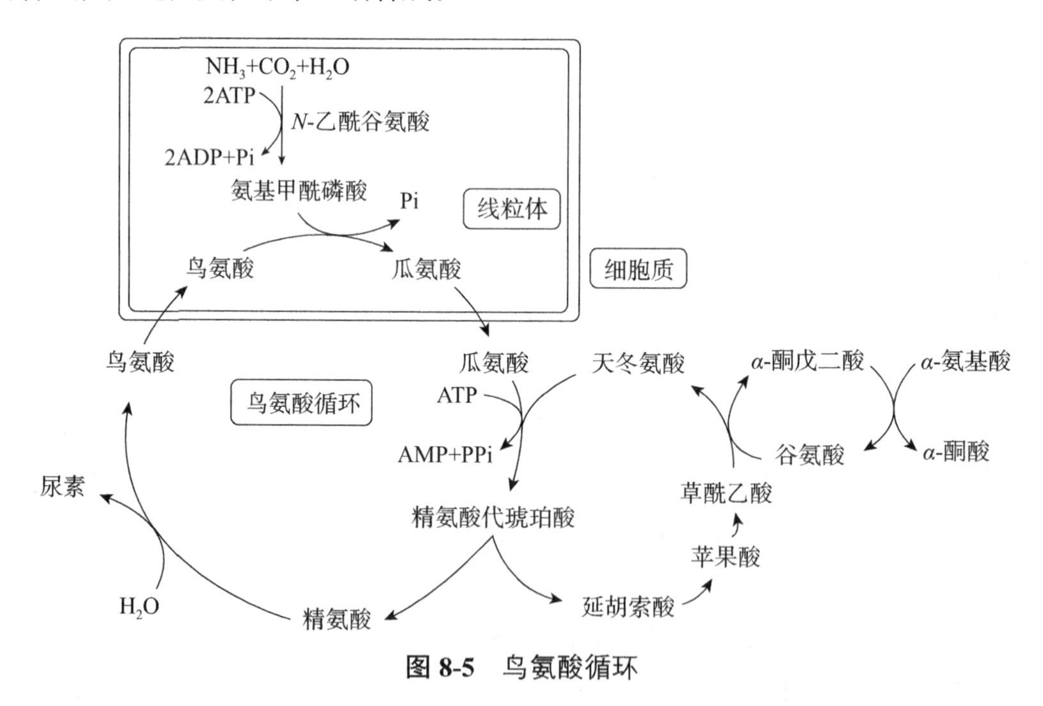

图 8-5　鸟氨酸循环

尿素分子中含两个氮原子，一个来自氨基酸脱氨基作用生成的 NH_3；另一个由天冬氨酸提供，而天冬氨酸又可由多种氨基酸通过转氨基作用生成。因此尿素分子中的两个氮原子相当于来自两个氨基酸分子脱下的 NH_3。尿素的合成是一个耗能的过程，鸟氨酸循环每进行一次可使 2 分子 NH_3 和 1 分子 CO_2 结合生成 1 分子尿素，同时消耗 3 分子 ATP（4 个高能磷酸键）。

鸟氨酸、瓜氨酸和精氨酸对尿素合成有促进作用，故临床上常给予精氨酸治疗高血氨。

鸟氨酸循环具有重要的生理意义：肝脏通过鸟氨酸循环将有毒的氨转化为无毒的尿素，经肾脏排出体外，这是机体解除氨中毒的主要方式。

（2）合成谷氨酰胺：在脑、肌肉和肝等组织中，由 ATP 提供能量，经谷氨酰胺合成酶催化，有毒的氨与谷氨酸合成无毒的谷氨酰胺，经血液输送到肝或肾，再经谷氨酰胺酶水解为谷氨酸和氨。氨在肝可合成尿素，在肾则以铵盐形式随尿排出体外。所以谷氨酰胺的生成不仅参与蛋白质的生物合成，而且也是体内储氨、运氨及解除氨中毒的一种重要方式。临床上对肝性脑病患者可服用或输入谷氨酸盐以降低血氨的浓度。

$$\underset{\text{谷氨酸}}{\begin{array}{c}COOH\\|\\CH_2\\|\\CH_2\\|\\H-C-NH_2\\|\\COOH\end{array}}\ \underset{\text{谷氨酰胺酶};\ H_2O \rightarrow NH_3}{\overset{\text{谷氨酰胺合成酶};\ NH_3,\ ATP \rightarrow ADP+Pi}{\rightleftharpoons}}\ \underset{\text{谷氨酰胺}}{\begin{array}{c}CONH_2\\|\\CH_2\\|\\CH_2\\|\\H-C-NH_2\\|\\COOH\end{array}}$$

（3）其他代谢途径：体内的氨可通过联合脱氨基作用的逆反应过程合成某些非必需氨基酸。氨还可以参与嘌呤、嘧啶等含氮化合物的合成。

考点　血氨的来源和去路

3. 高血氨和氨中毒　在正常生理状态下，血氨的来源与去路保持动态平衡，血氨浓度维持在较低水平。氨在肝内合成尿素是维持这种平衡的关键。当肝功能严重受损时，尿素合成障碍，血氨浓度升高，导致高血氨。

氨可通过血脑屏障进入脑细胞，与 *α*- 酮戊二酸结合生成谷氨酸，并可进一步与谷氨酸结合生成谷氨酰胺。故脑中氨的增加可消耗过多的 *α*- 酮戊二酸，导致三羧酸循环减弱，ATP 生成减少，引起脑组织因供能不足而出现功能障碍，严重时可发生昏迷，称为肝昏迷，也称肝性脑病。

考点　高血氨的概念、肝性脑病的生化机制

案例 8-1

患者，男，52 岁，昨晚在亲戚家进食 2 个鸡蛋，约 300g 烤鸭及少量猪肉等，今晨出现昏迷，经观察 7 小时后未清醒送入医院，作头颅 CT 检查无异常，以"昏迷"收住院。据患者家属反映，该患者出现反复发作性昏迷已半年，且每次发病前均有进食高蛋白食物史。肝功能检查，血氨 150μmol/L。B 超检查示血吸虫性肝纤维化。

问题：该患者出现临床症状的诱因是什么？

（三）*α*- 酮酸的代谢

氨基酸经脱氨基作用生成的 *α*- 酮酸有以下三条代谢途径。

1. 合成非必需氨基酸　*α*- 酮酸经转氨基作用或联合脱氨基作用的逆反应过程，可重新合成相应的非必需氨基酸。

2. 转变为糖或脂类　体内大多数氨基酸脱氨基后生成的 *α*- 酮酸可经糖异生作用转变为糖，这些氨基酸称为生糖氨基酸，如丙氨酸、组氨酸、甲硫氨酸等。只能转变为酮体的氨基

酸称为生酮氨基酸，如亮氨酸和赖氨酸。既可转变为糖也能生成酮体的氨基酸称为生糖兼生酮氨基酸，如苯丙氨酸、酪氨酸、色氨酸、苏氨酸、异亮氨酸。

3. 氧化供能　*α*-酮酸在体内可通过三羧酸循环和氧化磷酸化彻底氧化生成 CO_2 和 H_2O，并释放能量。

三、糖、脂类、蛋白质在代谢上的联系

糖、脂类、蛋白质在代谢过程中不是彼此孤立的，而是通过共同的中间产物和三羧酸循环相互联系、相互转化（图 8-6）。

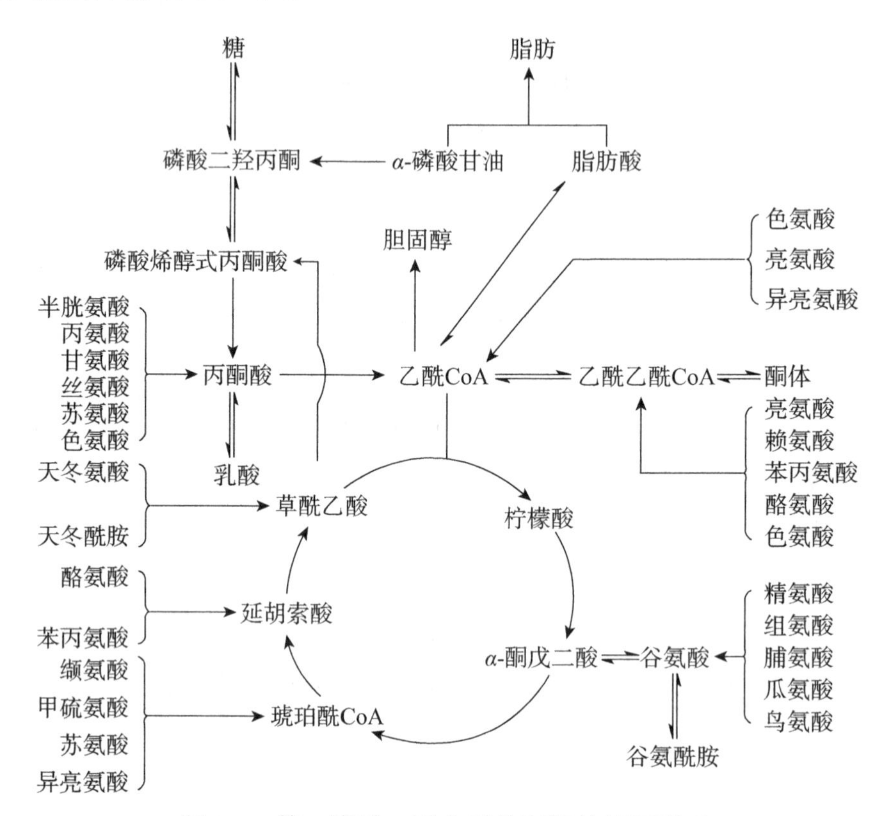

图 8-6　糖、脂类、蛋白质代谢间的相互联系

（一）糖与脂类代谢间的联系

糖在体内可以转变为脂类物质。糖酵解的中间产物磷酸二羟丙酮经还原生成的 *α*-磷酸甘油是合成脂肪的直接原料；糖有氧氧化的中间产物乙酰 CoA 是合成脂肪酸和胆固醇的原料。因此，摄取不含脂肪的高糖膳食过多，也能使血浆甘油三酯含量升高，并导致肥胖。

脂肪动员产生的甘油可经糖异生途径生成糖；但脂肪酸氧化生成的乙酰 CoA 不能在体内转化为丙酮酸，因此不能异生为糖。所以，脂肪绝大部分不能在体内转变为糖。

（二）糖与氨基酸代谢间的联系

糖在体内可以转变为某些非必需氨基酸。例如，糖代谢的中间产物丙酮酸、*α*-酮戊二酸、草酰乙酸等可经氨基化作用分别转变为丙氨酸、谷氨酸和天冬氨酸。

构成蛋白质的 20 种氨基酸，除生酮氨基酸（亮氨酸、赖氨酸）外，都可通过脱氨基作用生成相应的 *α*-酮酸，然后经糖异生途径转变为糖。

（三）脂类与氨基酸代谢间的联系

脂肪动员产生的甘油可异生成葡萄糖，转变为某些非必需氨基酸。由于甘油在脂肪中所占比例很小，所以合成氨基酸的数量有限。脂肪酸、胆固醇等不能转变为氨基酸。

体内的生糖氨基酸、生酮氨基酸及生糖兼生酮氨基酸在代谢过程中都能转变为乙酰 CoA，进而合成脂肪酸再合成脂肪；生糖氨基酸还可转变为甘油，所以氨基酸可以转变为脂肪。此外，氨基酸转变生成的乙酰 CoA 也可用于合成胆固醇；丝氨酸还可转变成胆胺和胆碱，用于磷脂的合成。因此，氨基酸还可转变成多种脂类物质。

第 3 节　个别氨基酸的代谢

一、氨基酸的脱羧基作用

（一）胺的生成

某些氨基酸可在氨基酸脱羧酶的催化作用下脱去羧基，生成相应的胺类化合物。

$$\underset{\text{氨基酸}}{R-\underset{\displaystyle NH_2}{\underset{|}{CH}}-COOH} \xrightarrow[\text{（磷酸吡哆醛）}]{\text{氨基酸脱羧酶}} \underset{\text{胺类}}{R-CH_2NH_2} + CO_2$$

不同的氨基酸脱羧需其特异的脱羧酶催化，辅酶是磷酸吡哆醛。胺类物质在生理浓度时，具有重要的生理作用；如果在体内蓄积，可引起神经系统及心血管系统的功能紊乱。体内广泛存在着胺氧化酶，催化胺类物质氧化为醛、NH_3 和 H_2O_2，醛可进一步氧化成酸，酸再氧化为 H_2O 和 CO_2，经肾随尿排出体外，避免胺在体内蓄积。

（二）几种重要的胺类物质

1. γ- 氨基丁酸（GABA）　谷氨酸在谷氨酸脱羧酶作用下脱羧，生成 γ- 氨基丁酸。

GABA 是抑制性神经递质，对中枢神经有抑制作用。维生素 B_6 可提高谷氨酸脱羧酶的活性，增加 GABA 在脑部的含量，临床上常用于妊娠呕吐和小儿惊厥的治疗。

$$\underset{\text{谷氨酸}}{\begin{array}{c} COOH \\ | \\ (CH_2)_2 \\ | \\ H-C-NH_2 \\ | \\ COOH \end{array}} \xrightarrow[\text{磷酸吡哆醛}]{\text{谷氨酸脱氢酶}} \underset{\gamma\text{-氨基丁酸}}{\begin{array}{c} COOH \\ | \\ (CH_2)_2 \\ | \\ CH_2NH_2 \end{array}} + CO_2$$

2. 组胺　组氨酸脱羧生成组胺。组胺主要由肥大细胞产生并储存，在乳腺、肺、肝、肌肉及胃黏膜中含量较高。

组胺是一种强烈的血管舒张剂，并能增加毛细血管的通透性，使血压下降，严重时可致休克；也可引起支气管痉挛而发生哮喘；肥大细胞被破坏后，释放大量组胺，可引起过敏反应；组胺还可促进胃黏膜细胞分泌胃蛋白酶及胃酸。临床取胃液做分析时，常给患者注射组胺。

$$\text{组氨酸} \xrightarrow{\text{组氨酸脱羧酶}} \text{组胺} + CO_2$$

3. 5-羟色胺（5-HT） 5-羟色胺由色氨酸先羟化再脱羧生成。5-羟色胺广泛分布于神经组织、胃肠道、血小板、乳腺细胞中，尤其脑组织中含量较高。

脑组织中的5-羟色胺可作为抑制性神经递质，与睡眠、疼痛和体温调节有关。在外周组织中，5-羟色胺具有收缩血管、升高血压的作用。

$$\text{色氨酸} \xrightarrow{\text{色氨酸羟化酶}} \text{5-羟色氨酸} \xrightarrow{\text{5-羟色氨酸脱羧酶}} \text{5-羟色胺}$$

考点 胺类物质的生理功能

二、一碳单位的代谢

（一）一碳单位的概念

某些氨基酸在体内分解代谢的过程中产生的含有一个碳原子的基团，称为一碳单位。例如，甲基（$—CH_3$）、亚甲基（$—CH_2—$）、次甲基（—CH═）、甲酰基（—CHO）和亚氨甲基（—CH═NH）等，但—COOH、HCO_3^-、CO、CO_2 等不属于一碳单位。

（二）一碳单位的载体

一碳单位不能游离存在，常与四氢叶酸结合被转运并参与代谢，四氢叶酸是一碳单位的载体。

（三）一碳单位的来源与互变

一碳单位主要来自丝氨酸、甘氨酸、组氨酸和色氨酸的分解代谢。来自不同氨基酸的一碳单位与 FH_4 结合，在酶的催化下通过氧化、还原等反应，可以互相转变。

（四）一碳单位代谢的生理意义

1. 一碳单位是合成嘌呤和嘧啶的原料，在核酸的生物合成中具有重要作用。人体缺乏叶酸时，一碳单位无法正常运转，核苷酸合成障碍，导致红细胞内DNA和蛋白质合成受阻，可引起巨幼红细胞性贫血。磺胺类药物可抑制某些细菌合成二氢叶酸，进而抑制细菌繁殖。应用叶酸类似物甲氨蝶呤等可抑制 FH_4 的生成，从而抑制核酸的合成，起到抗肿瘤的作用。

2. 一碳单位联系了蛋白质代谢与核苷酸代谢。一碳单位来自蛋白质分解产生的某些氨基酸，又可作为核苷酸的合成原料，因此沟通了蛋白质代谢与核酸代谢。

考点 一碳单位的概念、载体、生理意义

三、芳香族氨基酸的代谢

芳香族氨基酸是含有苯环的一类氨基酸，包括苯丙氨酸、酪氨酸和色氨酸。

（一）苯丙氨酸和酪氨酸的代谢

1. 苯丙氨酸的代谢 正常情况下，体内苯丙氨酸主要经苯丙氨酸羟化酶催化生成酪氨酸，只有极少数在苯丙氨酸转氨酶催化下生成苯丙酮酸。

$$\text{苯丙氨酸} \xrightarrow{\text{苯丙氨酸羟化酶}} \text{酪氨酸（正常时大量）}$$

$$\text{苯丙氨酸} \xrightarrow{\text{苯丙氨酸转氨酶}} \text{苯丙酮酸（正常时少量）}$$

先天性苯丙氨酸羟化酶缺乏时，苯丙氨酸不能正常转化为酪氨酸，而大量地经转氨基作

用生成苯丙酮酸，苯丙酮酸随尿排出，称为苯丙酮酸尿症。苯丙酮酸的堆积对中枢神经系统有毒性，可导致患儿智力发育障碍。

2. 酪氨酸的代谢　酪氨酸在体内有多条代谢途径。

（1）转变为儿茶酚胺：在神经组织和肾上腺髓质，酪氨酸经羟化、脱羧等反应转变为多巴胺、去甲肾上腺素和肾上腺素等儿茶酚胺类神经递质。

（2）转变为黑色素：在黑色素细胞中，酪氨酸经酪氨酸酶催化，羟化生成多巴，再经一系列反应转变成吲哚醌，吲哚醌聚合生成黑色素。若人体先天性缺乏酪氨酸酶，黑色素合成障碍，可导致白化病。

链接

白　化　病

白化病是由于先天性酪氨酸酶缺乏引起的遗传性疾病。患者体内黑色素合成障碍，皮肤、头发、眉毛呈白色或黄白色；虹膜和瞳孔呈现淡粉色或淡灰色，怕光，视物眯眼。白化病属于家族遗传性疾病，为常染色体隐性遗传病，常发生于近亲结婚的人群中。目前对白化病的治疗只能对症，无法根治，禁止近亲结婚是重要的预防措施。

（3）转变为甲状腺素：甲状腺素是酪氨酸的碘化衍生物，是由甲状腺球蛋白分子中的酪氨酸残基经聚合碘化作用生成的。

（4）分解代谢：酪氨酸脱氨生成对羟基苯丙酮酸，继而氧化为尿黑酸，后者经尿黑酸氧化酶催化裂解为延胡索酸和乙酰乙酸，可彻底氧化供能，也能转变为糖或脂肪。故苯丙氨酸和酪氨酸皆为生糖兼生酮氨基酸。

若体内先天性缺乏尿黑酸氧化酶，尿黑酸不能进一步分解而在体内堆积，过多的尿黑酸由尿排出，在空气中氧化为黑色，称为尿黑酸尿症。

苯丙氨酸和酪氨酸的代谢途径总结见图 8-7。

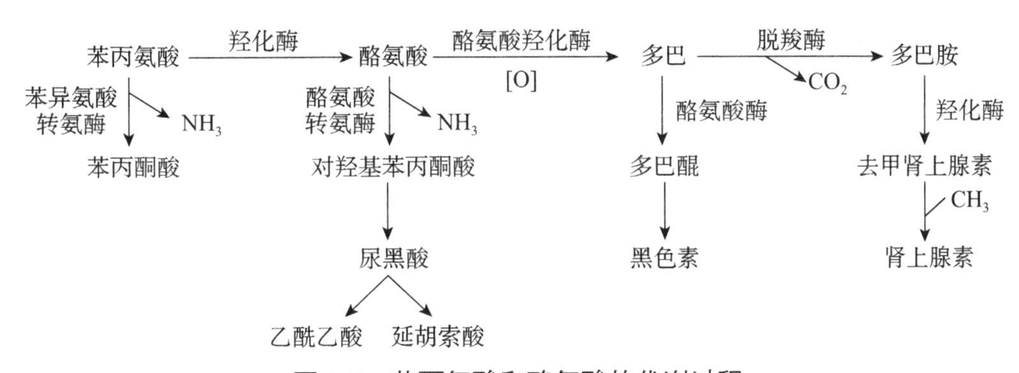

图 8-7　苯丙氨酸和酪氨酸的代谢过程

考点　苯丙氨酸和酪氨酸的代谢衍生物、代谢缺陷症

（二）色氨酸的代谢

色氨酸除可转变为 5- 羟色胺和一碳单位外，还可分解产生丙酮酸和乙酰 CoA，为生糖兼生酮氨基酸。此外，色氨酸还可转变为维生素 PP，但合成量甚少，不能满足机体需要。

自 测 题

一、名词解释

1. 必需氨基酸 2. 蛋白质的互补作用 3. 氮平衡 4. 一碳单位

二、单项选择题

1. 下列哪组氨基酸均是人体必需氨基酸（　　）
   A. 甲硫氨酸、苯丙氨酸、缬氨酸、组氨酸
   B. 赖氨酸、半胱氨酸、组氨酸、甘氨酸
   C. 色氨酸、异亮氨酸、缬氨酸、苏氨酸
   D. 谷氨酸、异亮氨酸、苏氨酸、蛋氨酸
   E. 丙氨酸、天冬氨酸、丝氨酸、精氨酸
2. 我国营养学会推荐成人每日蛋白质需要量为（　　）
   A. 50g　B. 60g　C. 70g　D. 80g　E. 100g
3. 能直接进行氧化脱氨基作用的氨基酸是（　　）
   A. 精氨酸　B. 谷氨酸　C. 丙氨酸　D. 天冬氨酸　E. 组氨酸
4. 在骨骼肌和心肌组织中，氨基酸的脱氨基作用方式是（　　）
   A. 氧化脱氨基
   B. 转氨基
   C. 氧化脱氨基与转氨基联合
   D. 嘌呤核苷酸循环
   E. 鸟氨酸循环
5. 体内氨的主要来源是（　　）
   A. 氨基酸分解　B. 消化道吸收　C. 肾小管分泌　D. 谷氨酰胺分解　E. 肝脏产生
6. 体内氨运输和储存的主要形式是（　　）
   A. 谷氨酸　B. 谷氨酰胺　C. 尿素　D. 天冬氨酸　E. 精氨酸
7. 血氨升高的主要原因是（　　）
   A. 蛋白质摄入过多
   B. 肠道吸收氨增多
   C. 谷氨酰胺合成减少
   D. 肝功能障碍
   E. 肾功能障碍
8. 一碳单位不能游离存在，它的载体是（　　）
   A. 叶酸　B. FH_4　C. 维生素 B_{12}　D. TPP　E. 泛酸
9. 代谢库中氨基酸的主要去路是（　　）
   A. 合成组织蛋白　B. 转变为其他含氮物质　C. 转变为糖或脂肪　D. 脱氨基作用　E. 脱羧基作用
10. 下列哪种物质不属于一碳单位（　　）
    A. $-CH_3$　B. $-CH_2=$　C. $-CHO$　D. $-CH=NH$　E. CO_2
11. 下列哪种物质不是酪氨酸的代谢衍生物（　　）
    A. 黑色素　B. 甲状腺素　C. 胰岛素　D. 多巴胺　E. 肾上腺素
12. 体内先天性苯丙氨酸羟化酶缺乏可引起（　　）
    A. 蚕豆病　B. 白化病　C. 尿黑酸尿症　D. 苯丙酮酸尿症　E. 自毁容貌症

三、简答题

1. 简述体内氨的来源与去路。
2. 简述高血氨的原因及血氨增高引起肝性脑病的机制。

（柳晓燕）

第 9 章
核苷酸代谢

核苷酸是核酸的基本组成单位，在人体内广泛分布，具有多种生物学功能。①核苷酸是构成核酸的基本单位，这是最主要的功能。②核苷酸是体内能量的直接利用形式，如 ATP、GTP 等。③参与代谢和生理调节。许多代谢过程受到体内 ATP、ADP 或 AMP 水平的调节。cAMP 或 cGMP 是多种细胞膜激素受体调节作用的第二信使。④核苷酸是多种活性中间代谢物的载体，如 UDPG、CDP- 胆碱等。⑤核苷酸可组成辅酶，如腺苷酸可作为 NAD^+、$NADP^+$、FMN、FAD 及 CoA 等的组成成分。

体内核苷酸来源于食物或在体内合成。食物中的核蛋白受胃酸作用，在胃中分解成核酸和蛋白质。核酸进入小肠，受胰液和肠液中各种水解酶的催化不断水解，生成的核苷酸及其水解产物核苷、碱基、戊糖等均可被肠黏膜细胞吸收（图 9-1）。戊糖可通过磷酸戊糖途径进行代谢，部分碱基被吸收可参与补救合成再利用，而大部分碱基被分解后随尿排出，因此，体内的核苷酸主要来自机体的自身合成。

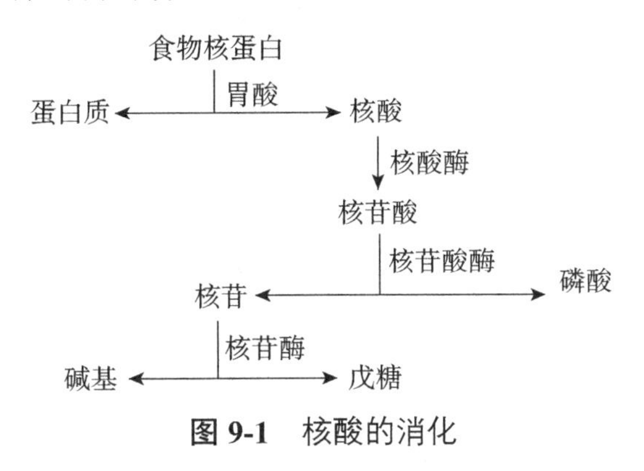

图 9-1 核酸的消化

第 1 节 核苷酸的合成代谢

体内核苷酸的生物合成有从头合成和补救合成两条途径。利用磷酸核糖、某些氨基酸、一碳单位和 CO_2 等简单物质为原料，经过一系列酶促反应，合成嘌呤核苷酸的过程，称为从头合成途径。利用体内游离嘌呤或嘌呤核苷，经过简单反应过程生成嘌呤核苷酸的过程，称为补救合成途径。这两种合成途径在不同组织中重要性各不相同，在肝脏、胸腺等组织以从头合成途径为主，在脑、骨髓等组织进行补救合成途径。

（一）嘌呤核苷酸的合成代谢

1. 嘌呤核苷酸的从头合成途径　嘌呤核苷酸的从头合成途径主要在肝脏中进行，其次是小肠黏膜和胸腺组织，反应过程在细胞质中进行。合成的原料包括 5- 磷酸核糖、甘氨酸、天冬氨酸、谷氨酰胺、CO_2 和一碳单位等，嘌呤环各原子的来源见图 9-2。

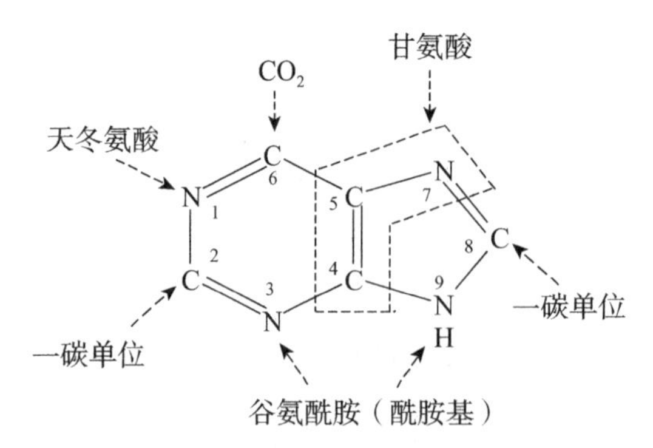

图 9-2 嘌呤环各原子来源

考点 嘌呤核苷酸的从头合成的原料

嘌呤核苷酸的从头合成途径的过程比较复杂，可分为两个阶段。

（1）次黄嘌呤核苷酸（IMP）的合成：以 5′- 磷酸核糖为起始物，首先活化生成 5′- 磷酸核糖 -1′- 焦磷酸（PRPP），然后通过一系列复杂的酶促反应，将各原料逐个加入，生成第一个带嘌呤环的化合物——IMP，如图 9-3 所示。

5′-磷酸核糖 + ATP ⟶ 5′-磷酸核糖-1′-焦磷酸→…→IMP

图 9-3 IMP 的生成

（2）IMP 转变为腺嘌呤苷酸（AMP）和鸟嘌呤苷酸（GMP）：IMP 由天冬氨酸提供氨基，GTP 供能，生成 AMP；IMP 脱氢氧化生成黄嘌呤核苷酸（XMP），然后由谷氨酰胺提供氨基生成 GMP（图 9-4）。AMP 和 GMP 经过磷酸化反应分别生成 GTP 和 ATP，后者是合成 RNA 的原料。

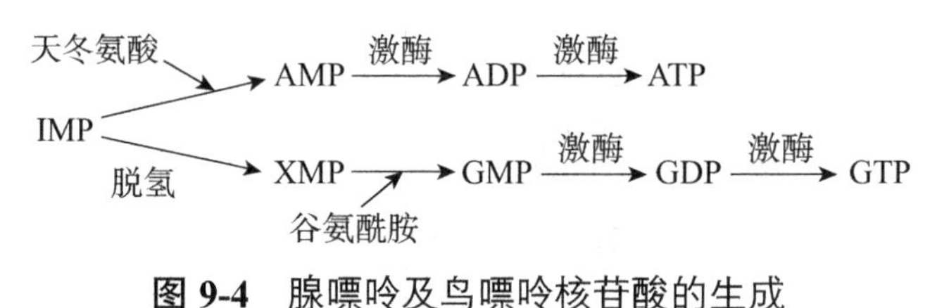

图 9-4 腺嘌呤及鸟嘌呤核苷酸的生成

2. 嘌呤核苷酸的补救合成途径　此途径是细胞利用现有的嘌呤碱或嘌呤核苷与 PRPP 反应形成嘌呤核苷酸的过程，催化反应的酶有腺嘌呤磷酸核糖转移酶（APRT）和黄嘌呤 - 鸟嘌呤磷酸核糖转移酶（HGPRT）等（图 9-5）。

腺嘌呤 + PRPP $\xrightarrow{\text{APRT}}$ AMP + PPi

次黄嘌呤 + PRPP $\xrightarrow{\text{HGPRT}}$ IMP + PPi

鸟嘌呤 + PRPP $\xrightarrow{\text{HGPRT}}$ GMP + PPi

图 9-5 嘌呤核苷酸的补救合成

嘌呤核苷酸的补救合成有重要的生物学意义：①节约了从头合成所需的大量能量及氨基酸等原料；②体内某些组织器官如脑、骨髓等，由于缺乏从头合成的有关酶，只能进行嘌呤核苷酸补救合成。

由于 HGPRT 基因遗传性缺陷，嘌呤核苷酸补救合成途径遇到障碍，脑合成嘌呤核苷酸能力低下，从而引起中枢神经系统发育不良，患者会自己咬自己的嘴唇、手指、挠自己的脸，临床上称为莱施 - 奈恩综合征（Lesch Nyhan 综合征），也称为自毁容貌症。

考点 自毁容貌症及相关的酶

3. 嘌呤核苷酸合成的抗代谢物　嘌呤核苷酸合成的抗代谢物常是嘌呤、氨基酸或叶酸的结构类似物。它们主要以竞争性抑制的方式干扰或阻断嘌呤核苷酸的合成，从而进一步阻断核酸及蛋白质的生物合成。这些抑制剂常作为抗肿瘤药物应用于临床。例如，6-巯基嘌呤（6MP）与次黄嘌呤结构类似，在体内可生成 6MP 核苷酸，从而抑制 IMP 转变为 AMP、GMP 的反应，6MP 还可竞争性抑制 HGPRT，阻断补救合成途径；氮杂丝氨酸与谷氨酰胺的结构类似，可干扰谷氨酰胺在从头合成中的作用；甲氨蝶呤与 FH_4 的结构类似，竞争性抑制 FH_2 还原酶，使 FH_2 不能还原为 FH_4，从而抑制从头合成中一碳单位的供应。

（二）嘧啶核苷酸的合成代谢

1. 嘧啶核苷酸的从头合成途径　该过程主要在肝细胞的胞液中进行，原料包括天冬氨酸、谷氨酰胺、CO_2 等（图 9-6）。

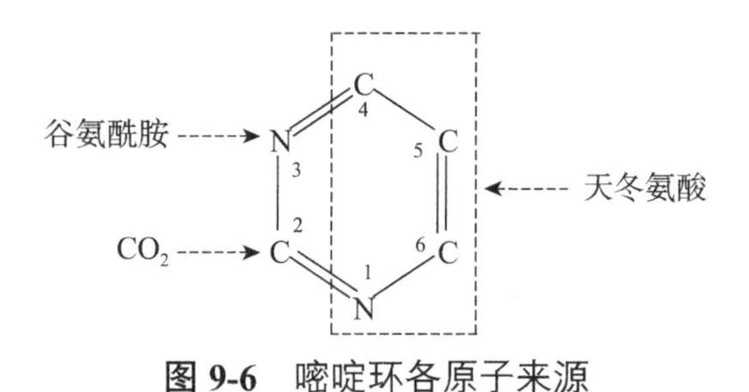

图 9-6　嘧啶环各原子来源

合成过程：首先由谷氨酰胺与 CO_2 反应生成氨基甲酰磷酸，氨基甲酰磷酸再与天冬氨酸、PRPP 进行一系列反应，生成 UMP，UMP 在激酶催化下转化为 UTP，UTP 再生成 CTP。

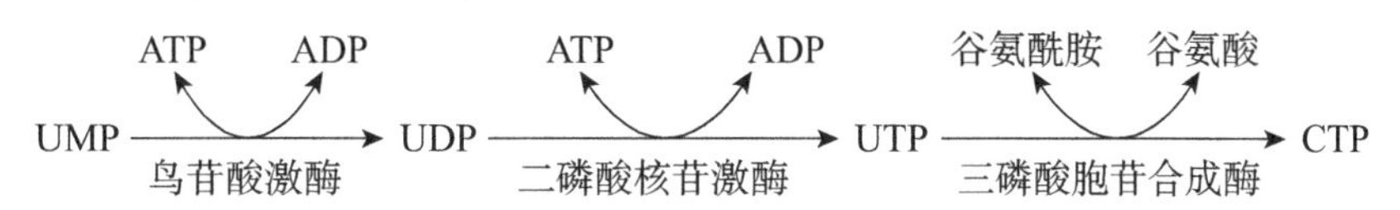

2. 嘧啶核苷酸的补救合成途径　细胞利用尿嘧啶、胸腺嘧啶及乳清酸作为底物，在嘧啶磷酸核糖转移酶的催化下生成相应的嘧啶核苷酸，但对胞嘧啶不起作用。各种嘧啶核苷酸在相应的核苷激酶的催化下，与 ATP 作用生成相应的嘧啶核苷酸和 ADP。例如，脱氧胸苷可通过胸苷激酶而生成 dTMP，但此酶在正常肝脏中活性很低，再生肝中活性升高，恶性肿瘤中明显升高，并与恶性程度有关。

$$嘧啶碱 + PRPP \xrightarrow{嘧啶磷酸核糖转移酶} 嘧啶核苷酸 + PPi$$

考点 嘧啶核苷酸的补救合成

第 2 节　核苷酸的分解代谢

案例 9-1

患者，男，50 岁，既往有骨关节病史。当晚酗酒及过度劳累，次日肋部剧痛入院。尿检尿液 pH4.6，蛋白阳性。尿离心沉渣的显微镜检查发现一些细微的结晶物质，血清尿酸 0.56mmol/L。

问题： 1. 该患者所患何病？

2. 发病机制是什么？

3. 临床上常用什么药物治疗，作用机制是什么？

（一）嘌呤核苷酸的分解代谢

嘌呤核苷酸的分解代谢主要在肝、小肠及肾进行。其中，嘌呤碱最终分解生成尿酸，随尿排出体外（图 9-7）。尿酸的水溶性较差，尿酸盐结晶可沉积于关节、软组织、软骨及肾等处，引起关节炎、疼痛、尿路结石及肾脏疾病，称为痛风。

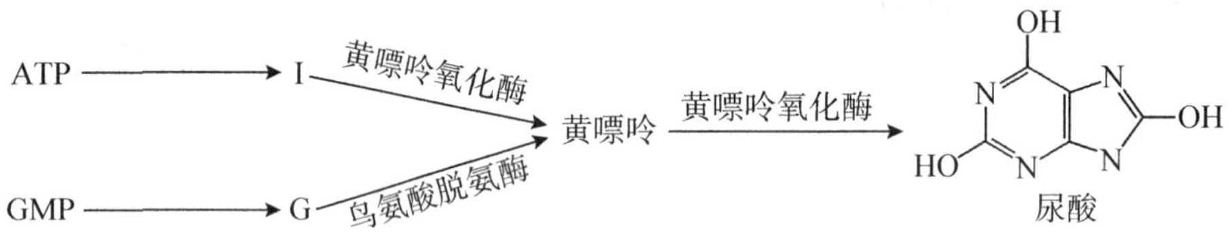

图 9-7　嘌呤核苷酸的分解

临床上常用别嘌醇治疗痛风。别嘌醇与次黄嘌呤结构相似，可竞争性地抑制黄嘌呤氧化酶的活性，从而减少尿酸的生成。痛风患者日常饮食中应避免高嘌呤食物（如豆类、啤酒、海鲜等）的摄入，使尿酸的来源减少，从而减轻痛风症状。

考点 嘌呤碱代谢的终产物、痛风

（二）嘧啶核苷酸的分解代谢

嘧啶核苷酸的分解主要在肝内进行。胞嘧啶、尿嘧啶分解的终产物是 NH_3、CO_2 和 β-丙氨酸；胸腺嘧啶分解的终产物是 NH_3、CO_2 和 β- 氨基异丁酸。β- 氨基异丁酸可直接随尿排出或进一步分解（图 9-8）。摄入含 DNA 丰富的食物、经放射线治疗或化学治疗后的肿瘤患者，尿中 β- 氨基异丁酸排出增多。

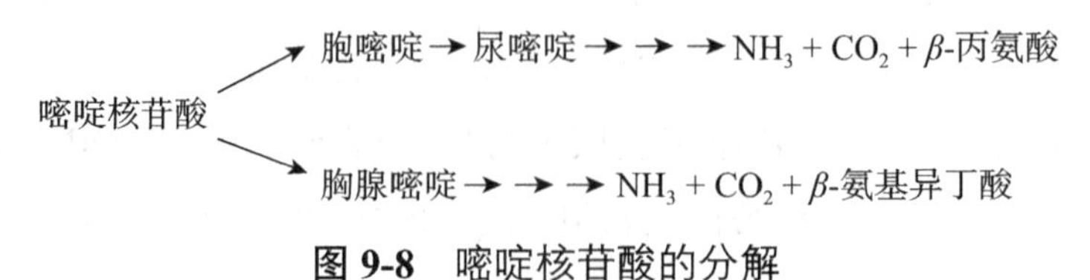

图 9-8　嘧啶核苷酸的分解

自 测 题

一、名词解释

1. 核苷酸的从头合成　2. 核苷酸的补救合成

二、单项选择题

1. 从头合成嘌呤时，第一个合成的嘌呤核苷酸是（　　）
   A. IMP　B. AMP
   C. XMP　D. UMP
   E. GMP
2. 下列可作为嘌呤核苷酸从头合成原料，例外的是（　　）
   A. 甘氨酸　B. 天冬氨酸
   C. 嘌呤碱基　D. 一碳单位
   E. 谷 -NH_2
3. 嘌呤从头合成途径的最主要器官是（　　）
   A. 肝　B. 肾
   C. 脑　D. 心
   E. 骨髓
4. 下列哪种物质在关节、软组织处沉积可引起痛风症（　　）
   A. 次黄嘌呤　B. 黄嘌呤
   C. 尿酸　D. 尿素
   E. 肌酐
5. 缺乏 HGPRT 导致的疾病是（　　）
   A. 着色性干皮病　B. 苯丙酮酸尿症
   C. 白化病　D. 自毁容貌症
   E. 蚕豆病
6. 别嘌醇治疗痛风的机制是能够抑制（　　）
   A. 腺苷脱氢酶　B. 尿酸氧化酶
   C. 黄嘌呤氧化酶　D. 鸟嘌呤脱氢酶
   E. 核苷磷酸化酶
7. 人体内嘌呤碱分解的终产物是（　　）
   A. 尿素　B. 尿酸
   C. 肌酸　D. 酮体
   E. 肌酐

三、简答题

1. 为什么核酸不是必需营养素？
2. 解释痛风症产生的生化机制及治疗原则。

（李　婕）

第10章 基因信息传递

基因（gene）是携带有遗传信息的DNA序列，可以编码各种蛋白质和RNA生物活性产物。1958年，克里克（Crick）提出遗传信息传递的规律，DNA通过复制将遗传信息由亲代传递给子代；通过转录和翻译，将遗传信息传递给蛋白质分子，从而决定生物的表现型。DNA的复制、转录和翻译过程构成了遗传信息传递的中心法则。20世纪70年代逆转录酶的发现，证明还存在由RNA到DNA的逆转录机制，修正和补充了中心法则（图10-1）。

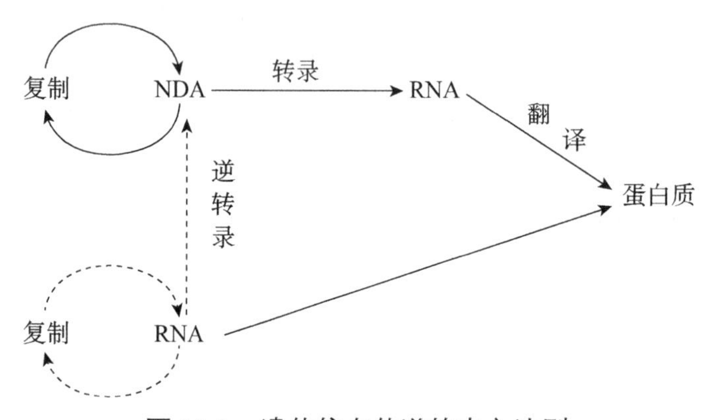

图10-1 遗传信息传递的中心法则

第1节 DNA的生物合成

DNA的生物合成主要包括复制和逆转录。

一、DNA的复制

DNA复制是以亲代DNA分子为模板，按照碱基互补规律，合成一个新的子代DNA分子的过程，即遗传信息由亲代传给子代的过程。

（一）DNA复制的特点

DNA复制具有高保真性、半保留性、半不连续性、双向性等特点。

1. 高保真性　DNA复制的高保真性是生物物种特征传承保持相对稳定的基础。DNA复制过程中高保真性的维持主要依赖于严格遵守碱基互补配对规律、DNA聚合酶的核酸外切酶活性和校读纠错功能等。遗传的保守性是相对的而不是绝对的，没有变异也就没有进化，因此在强调遗传恒定性的同时，不能忽视其变异性的存在。

2. 半保留性　DNA复制时，DNA双链间氢键断裂成为两条单链，称为母链，以每条母链为模板，按照碱基互补配对原则，各合成一条互补新链，称为子链，新合成的两条子链分别与母链构成子代 DNA 双链。新合成的子代 DNA 双链分子中，一条链来自亲代，另一条链则是新合成的，子代 DNA 与亲代 DNA 碱基序列一致，这就是所谓的半保留复制（图 10-2）。通过半保留复制，亲代 DNA 分子上的遗传信息得以准确地传递给子代，这对于了解 DNA 的功能和物种的延续性有重大意义。

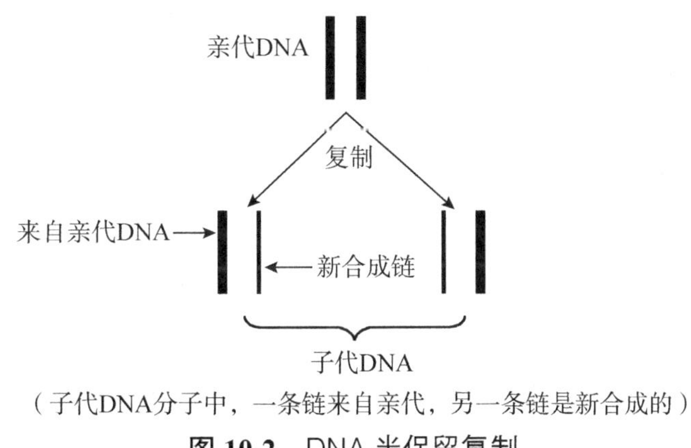

（子代DNA分子中，一条链来自亲代，另一条链是新合成的）

图 10-2　DNA 半保留复制

3. 半不连续性　DNA 复制过程中，双螺旋结构解开，形成“Y”字形结构，称为复制叉。DNA 双螺旋结构中的两条链是反向平行的，一条是 $3' \rightarrow 5'$ 方向，另一条是 $5' \rightarrow 3'$ 方向，两条链都将作为模板合成新的互补链。DNA 聚合酶的催化方向为 $5' \rightarrow 3'$，故复制时一条链的延伸方向与复制叉的前进方向相同，呈连续状态，另一条链的延伸方向与复制叉的前进方向相反，呈不连续分段合成状态。整体来说，新合成的两条链中一条链的合成是连续的，另外一条链的合成是不连续的，所以称为半不连续复制。

4. 双向性　DNA 复制是从复制起始点向两个方向解链的，形成两个延伸方向相反的复制叉，同时向两个方向复制，称为双向复制。原核生物基因组是环状 DNA，只有一个复制起始点，而真核生物基因组庞大，每条染色体上的 DNA 复制都有多个复制起始点。

考点　DNA 复制概念和特点

（二）DNA 复制体系

1. DNA 复制的模板　DNA 复制是以亲代 DNA 双链解开形成的两条单链为模板，按照碱基互补配对原则指导 DNA 子链的合成。

2. DNA 复制的原料　又称底物，为四种脱氧核糖核苷三磷酸，简称 dNTP（dATP、dGTP、dCTP、dTTP）。

3. RNA 引物　为引物酶催化合成的短链 RNA，复制过程中，其提供 3′-OH 以便 DNA 聚合酶开始发挥作用。

4. 参与 DNA 复制的酶和蛋白因子

（1）解旋酶：又称解链酶，其作用是利用 ATP 分解提供能量，促进模板 DNA 中两条链之间的氢键断裂，使 DNA 双链解开形成单链 DNA 模板。

（2）单链 DNA 结合蛋白：具有保护和稳定单链 DNA 模板的作用。

（3）拓扑异构酶：能够松解并理顺 DNA 超螺旋结构，具有内切酶和连接酶活性。

（4）引物酶：引物酶能在 DNA 模板的起始部位催化小片段 RNA 引物的合成，以提供 DNA 聚合酶所需的 3′-OH 端。在复制完成后，RNA 引物被水解去掉。

（5）DNA 聚合酶：全称 DNA 指导的 DNA 聚合酶，其作用是以亲代 DNA 为模板，以 dNTP 为原料，按照碱基互补配对的原则，以 5′→3′ 方向合成 DNA 子链。

（6）DNA 连接酶：可以将连在同一 DNA 模板上的 DNA 片段，通过 3′, 5′- 磷酸二酯键相连。

考点 参与 DNA 复制的酶及蛋白因子的作用

（三）DNA 复制的过程

生物体在细胞分裂前需要完成 DNA 复制，复制是一个复杂的连续酶促反应过程，为方便学习和理解，人为地将 DNA 的复制过程分为起始、延伸、终止三个阶段。

1. DNA 复制起始　DNA 分子的复制起始部位有特殊的碱基序列，原核生物 DNA 分子较小，每个 DNA 分子只有一个复制起点，而真核生物 DNA 则有多个复制起点。在拓扑异构酶和解旋酶的作用下，复制起始部位 DNA 的超螺旋被松解，并进一步打开双螺旋结构，形成单链 DNA 模板，由单链 DNA 结合蛋白结合于已解开的 DNA 单链上，形成一个“Y”字形复制叉。在此基础上，引物酶在蛋白质因子帮助下识别复制起点，组装形成引发体，以解开的单链 DNA 为模板，NTP 为底物，合成一段 RNA 引物，引物的 3′-OH 端成为合成 DNA 新链的起点。在解链过程中，拓扑异构酶通过切断、旋转和再连接作用持续帮助解链。

2. DNA 复制延伸　在 DNA 聚合酶作用下，以 4 种三磷酸脱氧核苷（dNTP）为原料，按照与单链 DNA 模板碱基互补配对原则，在 RNA 引物的 3′-OH 端逐步加入脱氧核苷酸，形成 3′, 5′- 磷酸二酯键，新合成 DNA 子链不断延长。模板链的方向是 3′→5′，新链合成的方向是 5′→3′。由于 DNA 两条链是反向平行的，新合成的链中有一条链合成方向与复制叉前进方向一致，合成可以连续进行，这条链称为前导链（领头链）；而另一条链合成方向与复制叉前进方向相反，需等待复制叉解开至相当长度，生成新的 RNA 引物，在 RNA 引物的 3′-OH 端合成不连续的 DNA 片段，此片段称为冈崎片段，冈崎片段合成后需切掉 RNA 引物，再由 DNA 连接酶连接成完整的 DNA 链，这条链称为随从链（随后链）。所以，前导链的合成是连续的，随从链的合成是不连续的，DNA 的复制是半不连续复制。

考点 前导链、随从链、冈崎片段的概念

3. DNA 复制的终止　DNA 复制的终止与 DNA 分子的形状有关，对于线性 DNA 而言，复制的终止不需要特定的信号，当复制叉到达分子末端时，复制即终止。对于环状 DNA，其复制形式为双向复制，两个复制叉向不同方向进行，同时到达一个特定部位。也可能其中一个复制叉先到达此处而停止下来，不会越过这一特定部位继续复制，只是等待另一个复制叉的到来。核酸酶将前导链的 RNA 引物和随后链中各冈崎片段的 RNA 引物水解，由 DNA 聚合酶完成空隙的填补，填补至足够长度后，缺口由 DNA 连接酶催化连接，最终形成完整的 DNA 链。真核生物线性染色体 DNA 的两端具有特殊的端粒结构，当 DNA 复制完成时，两条新合成的子链的 5′- 端均因 RNA 引物的水解而产生一段空缺，此空缺由端粒酶和 DNA

聚合酶协同催化填补。DNA 复制完成后，在拓扑异构酶的作用下，将 DNA 分子引入超螺旋结构并进一步装配（图 10-3）。

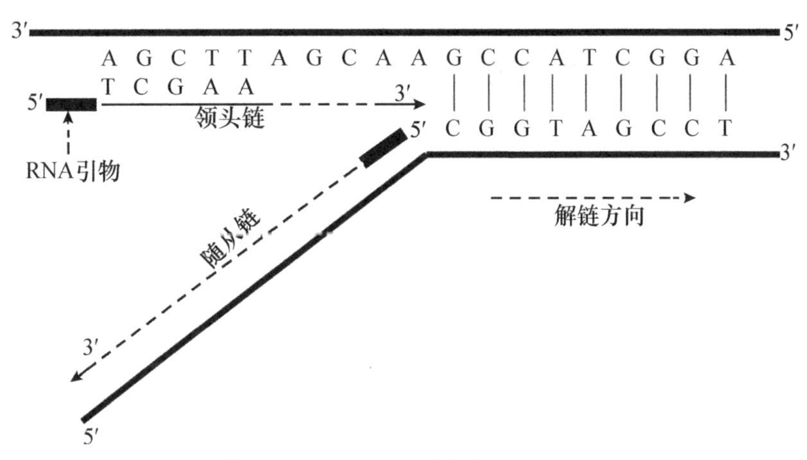

图 10-3　DNA 复制过程示意图

二、逆　转　录

（一）概念

逆转录又称反转录，是指以 RNA 为模板，四种 dNTP 为原料，合成与 RNA 互补 DNA 的过程。实际上，逆转录并非转录，而是一种特殊的复制形式。

（二）过程

逆转录过程首先以 RNA 为模板，以 dNTP 为原料，在逆转录酶的催化下，沿 5′→3′ 方向合成一条与 RNA 互补的 DNA 链（cDNA）。cDNA 与 RNA 模板链通过碱基互补配对形成 RNA-DNA 杂化双链。杂化双链中 RNA 被逆转录酶 RNase 活性催化作用水解，再以 cDNA 为模板合成另一条互补 DNA 链，形成双链 cDNA。有些含有逆转录酶的 RNA 病毒还可以自身的 RNA 为模板互补合成 RNA，进行自我复制（RNA 复制）（图 10-4）。

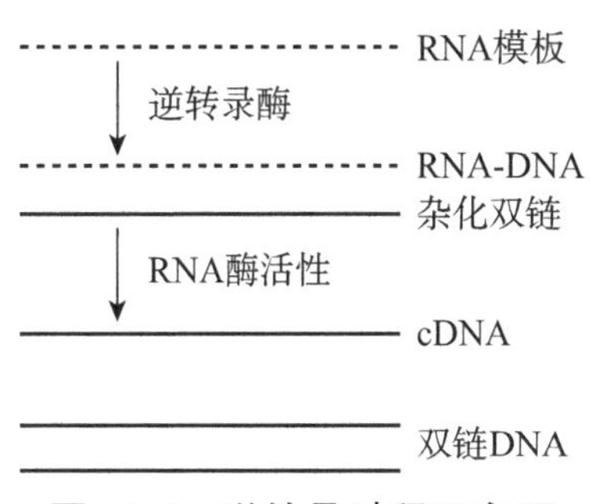

图 10-4　逆转录过程示意图

第 2 节　RNA 的生物合成

生物体以 DNA 为模板合成 RNA 的过程称为转录。即在 RNA 聚合酶催化下，以单链 DNA 为模板，以四种核糖核苷三磷酸为原料，按照碱基互补规律，沿 5′→3′ 的方向，合成一条与 DNA 互补的 RNA 链。

一、转录的体系

（一）模板

转录需要以单链 DNA 为模板。转录发生在基因组的部分序列中，能转录出 RNA 的

DNA 片段，称为结构基因。在结构基因的双链中，只有一条链有转录功能，称为模板链；与其互补的另一条链称为编码链。DNA 分子中含有多个结构基因，但各个基因的模板链并非在同一条 DNA 链上，这种现象称为不对称转录。其中包含两方面的意思：①在同一基因区段内，DNA 只有一条链可以作为转录的模板；②模板链并非永远在同一条链上（图 10-5）。

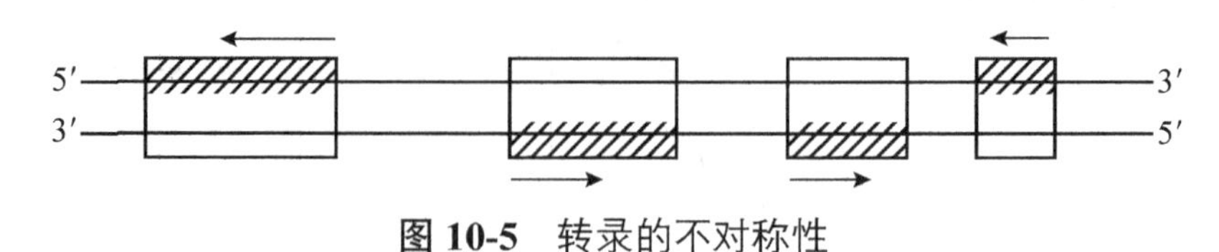

图 10-5 转录的不对称性

（二）原料

转录的原料为四种核苷三磷酸，即 ATP、GTP、CTP、UTP，简称 NTP。

（三）转录的酶

催化转录的酶是 RNA 聚合酶，又称为 DNA 指导的 RNA 聚合酶。原核生物细胞中的 RNA 聚合酶是由 2α、β、β′、ω、σ 5 种亚基组成的六聚体。含有六聚体（$\alpha_2\beta\beta'\omega\sigma$）的 RNA 聚合酶称全酶，全酶中的 σ 亚基有辨认起始点的功能。脱去 σ 亚基，含有五聚体（$\alpha_2\beta\beta'\omega$）的 DNA 聚合酶称为核心酶，可催化 RNA 链的延长（图 10-6）。

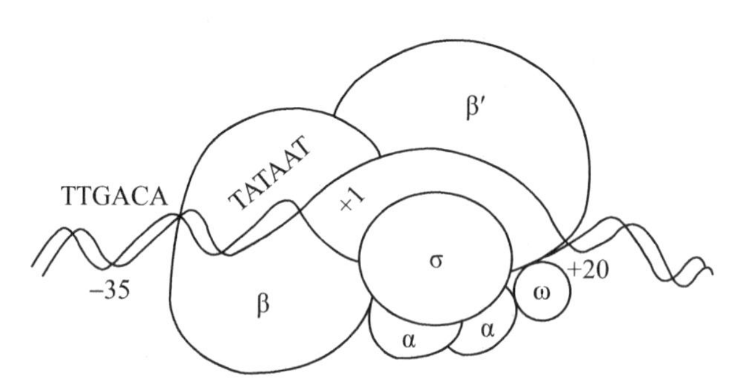

图 10-6 原核生物 RNA 聚合酶的结构

考点 转录的概念；模板；原料；RNA 聚合酶中核心酶和 σ 因子的作用

二、转录的过程

RNA 的转录过程可分为起始、延长和终止三个阶段。

（一）转录的起始阶段

转录是从 DNA 分子的特定部位启动子开始的，RNA 聚合酶的 σ 亚基识别和辨认 DNA 的启动子部位，并与之结合形成复合物，使 DNA 局部构象改变，结构松弛，解开一段双螺旋，暴露出 DNA 模板链。然后在 RNA 聚合酶催化下，相邻的两个核苷酸生成 RNA 链的第一个磷酸二酯键，同时释放出焦磷酸，第一个核苷酸多为 GTP 或 ATP。第二个核苷酸有游离的 3′-OH，可以继续加入 NTP，使 RNA 链延长下去。合成一小段 RNA 后，σ 因子从复合物上脱落，至此完成转录的起始。

（二）转录的延长阶段

链的延伸由核心酶催化。σ 亚基脱落后，核心酶在 DNA 模板链上沿 3′→5′ 方向移动，一方面使 DNA 双链不断解链，另一方面利用 NTP 为原料，按照碱基互补规律使 RNA 链沿 5′→3′ 的方向不断延长。在此过程中，新合成的 RNA 链逐步与模板分离，已被转录的模板链和编码链重新形成双螺旋结构（图 10-7）。

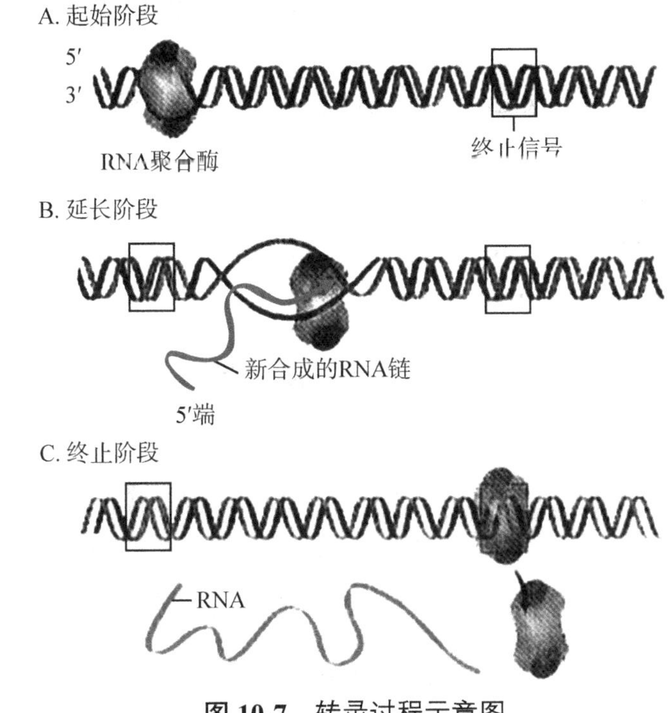

图 10-7　转录过程示意图

（三）转录的终止阶段

当核心酶移动到转录的终止位点时，转录便停止。新合成的 RNA 链及核心酶从 DNA 模板上脱落。核心酶再与 σ 因子结合，启动另一次转录。

三、转录后的加工

真核细胞转录得到的是 RNA 的前体，需要进行加工、修饰，才能成为成熟的 RNA。

（一）mRNA 转录后的加工修饰

真核生物 mRNA 的前体是核内不均一 RNA（hnRNA），转录后加工包括对其 5′- 端和 3′- 端的首尾修饰及对 hnRNA 的剪接等。

考点 mRNA 的转录后加工

（二）tRNA 的转录后加工

1. 剪切　在真核细胞中，tRNA 前体分子的 5′- 端和 3′- 端及反密码环的部位由核糖核酸酶切去部分核苷酸链而形成 tRNA。

2. 加上 CCA-OH 的 3′- 端　在核苷酸转移酶的催化下，以 CTP、ATP 为供体，在 RNA 前体的 3′- 端加上 CCA-OH 结构，使 tRNA 具有携带氨基酸的能力。

3. 碱基的修饰　成熟 tRNA 分子中有多种稀有碱基，均是在加工过程中，由修饰酶实现碱基修饰的。

（三）rRNA 的转录后加工

rRNA 的转录和加工与核糖体的形成同时进行。真核细胞在转录过程中首先生成的是 45S 大分子 rRNA 前体，然后通过核酸酶作用，断裂成 28S、5.8S 及 18S 等不同的 rRNA。这些 rRNA 与多种蛋白质结合形成核糖体。rRNA 成熟过程中也包括碱基的修饰，主要以甲基化为主。

第 3 节　蛋白质的生物合成

将 mRNA 分子中核苷酸序列编码的遗传信息，解读为蛋白质中氨基酸的排列顺序，此过程称为翻译。mRNA 中的核苷酸序列就决定了多肽链中氨基酸的排列顺序，因此蛋白质生物合成的过程即称为翻译。

一、RNA 在蛋白质生物合成中的作用

1. mRNA 的作用　mRNA 带有遗传信息，是指导蛋白质生物合成的直接模板。mRNA 分子中每三个相邻的核苷酸所组成的三联体称为密码子或遗传密码。每一个密码子代表一种氨基酸（表 10-1）。AUG 除代表甲硫氨酸外，还可作为肽链合成的起始信号，故称起始密码子。而 UAA、UAG、UGA 代表肽链合成的终止信号，故称终止密码子。

表 10-1　遗传密码表

第一个核苷酸（5′）	第二个核苷酸				第三个核苷酸（3′）
	U	C	A	G	
U	UUU 苯丙氨酸	UCU 丝氨酸	UAU 酪氨酸	UGU 半胱氨酸	U
	UUC 苯丙氨酸	UCC 丝氨酸	UAC 酪氨酸	UGC 半胱氨酸	C
	UUA 亮氨酸	UCA 丝氨酸	UAA 终止密码子	UGA 终止密码子	A
	UUG 亮氨酸	UCG 丝氨酸	UAG 终止密码子	UGG 色氨酸	G
C	CUU 亮氨酸	CCU 脯氨酸	CAU 组氨酸	CGU 精氨酸	U
	CUC 亮氨酸	CCC 脯氨酸	CAC 组氨酸	CGC 精氨酸	C
	CUA 亮氨酸	CCA 脯氨酸	CAA 谷氨酰胺	CGA 精氨酸	A
	CUG 亮氨酸	CCG 脯氨酸	CAG 谷氨酰胺	CGG 精氨酸	G
A	AUU 异亮氨酸	ACU 苏氨酸	AAU 天冬酰胺	AGU 丝氨酸	U
	AUC 异亮氨酸	ACC 苏氨酸	AAC 天冬酰胺	AGC 丝氨酸	C
	AUA 异亮氨酸	ACA 苏氨酸	AAA 赖氨酸	AGA 精氨酸	A
	AUG 甲硫氨酸	ACG 苏氨酸	AAG 赖氨酸	AGG 精氨酸	G
G	GUU 缬氨酸	GCU 丙氨酸	GAU 天冬氨酸	GGU 甘氨酸	U
	GUC 缬氨酸	GCC 丙氨酸	GAC 天冬氨酸	GGC 甘氨酸	C
	GUA 缬氨酸	GCA 丙氨酸	GAA 谷氨酸	GGA 甘氨酸	A
	GUG 缬氨酸	GCG 丙氨酸	GAG 谷氨酸	GGG 甘氨酸	G

遗传密码具有如下特点。

（1）密码阅读的连续性：指相邻的两个密码子之间没有任何符号加以间隔，翻译时必须从某一特定的起始点开始，连续地一个密码子挨着一个密码子“阅读”下去，直到终止密码子为止。mRNA 上的碱基的插入或缺失都会造成密码子的阅读框架改变，使翻译出的氨基酸序列异常，产生“移码突变”。

（2）密码的简并性：20 种氨基酸中，除色氨酸和甲硫氨酸各有一个密码子外，其余每种氨基酸都具有 2 个或 2 个以上密码子的现象，称为遗传密码的简并性。同一氨基酸的不同密码子互称为简并密码子或同义密码子。遗传密码的简并性主要表现在密码子的前 2 个碱基相同，第 3 个碱基不同，即密码子的专一性主要由前 2 个碱基决定，第 3 个碱基的突变不会造成翻译时氨基酸序列的改变。遗传密码的简并性对于减少有害突变、保证遗传的稳定性具有一定意义。

（3）方向性：mRNA 中密码子的排列具有一定的方向性。起始密码子位于 mRNA 链的 5′-端，终止密码子位于 3′- 端，翻译时从起始密码子开始，沿 5′→3′ 方向进行，直到终止密码子为止，为此相应多肽链的合成从 N 端向 C 端延伸。

（4）通用性：一般说来，从病毒、细菌到人类都是共用同一套遗传密码表，这称为遗传密码的通用性。密码的通用性进一步证明各种生物进化自同一祖先。

（5）摆动性：mRNA 密码子与 tRNA 反密码子在配对辨认时，有时不完全遵守碱基互补原则，尤其是反密码子的第 1 位碱基与密码子的第 3 位碱基，不严格互补也能相互辨认，称为密码子的摆动性。例如，tRNA 反密码子第 1 个碱基的次黄嘌呤（I）可与 mRNA 密码子的第 3 位碱基（A、U 或 C）配对；反密码子第 1 位碱基 U 可与 mRNA 上密码子的第 3 位碱基（A 或 G）配对。

2. tRNA 的作用　tRNA 在蛋白质生物合成中的作用是双重的，一方面 tRNA 的氨基酸臂可携带活化的相应氨基酸，另一方面反密码环上的反密码子可以识别 mRNA 分子上的遗传密码。反密码环上的反密码子与 mRNA 分子上的密码子通过碱基互补配对规律对应结合，使 tRNA 所携带的活化氨基酸在核糖体上按一定的顺序对号入座，合成肽链（图 10-8）。

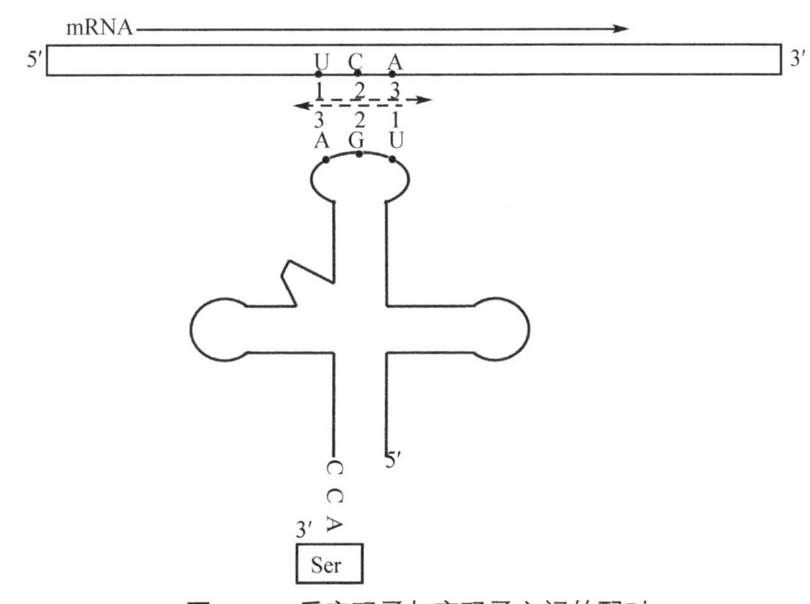

图 10-8　反密码子与密码子之间的配对

3. rRNA 的作用 rRNA 与多种蛋白质结合，形成核糖体，核糖体是蛋白质合成的场所，是蛋白质生物合成的“装配机”。核糖体是由大、小两个亚基组成。

（1）小亚基：小亚基有结合 mRNA 的能力，使 mRNA 附着在核糖体上，发挥模板作用。

（2）大亚基：大亚基上有三个结合位点。第一个称为受位或 A 位，是氨基酰 -tRNA 进入核糖体后占据的位置；第二个称为给位或 P 位，是肽酰 -tRNA 占据的部位；第三个称为出位或 E 位，是已卸载的 tRNA 占据的位置。大亚基还有转肽酶活性，可催化肽键形成。

考点 三种 RNA 在蛋白质合成中的作用

二、蛋白质的生物合成过程——翻译

蛋白质生物合成在细胞代谢中具有重要地位，需要 mRNA 作为模板，tRNA 作载体转运氨基酸，核糖体是蛋白质合成的场所，并需要多种酶和辅助因子的参与，合成的多肽链需要加工后，才能成为有生物活性的蛋白质。下文以原核生物为例介绍蛋白质生物合成过程。

（一）氨基酸的活化与转运

氨基酸必须经过活化才能参与蛋白质的生物合成。氨基酸与 tRNA 结合成氨基酰 -tRNA 的过程称为氨基酸的活化。该反应由氨基酰 -tRNA 合成酶催化，ATP 供能。氨基酰 -tRNA 合成酶具有高度的专一性，它既能识别特异的氨基酸，又能识别 tRNA，并使两者准确连接，从而保证了遗传信息的正确翻译。

$$\text{氨基酸} + \text{tRNA} \xrightleftharpoons[\text{ATP} \quad \text{AMP+PPi}]{\text{氨基酰-tRNA合成酶}} \text{氨基酰-tRNA}$$

（二）核糖体循环——肽链的合成

核糖体循环是指活化的氨基酸由 tRNA 携带至核糖体上，以 mRNA 为模板缩合成多肽链的过程，分为起始、延长、终止三个阶段。

1. 肽链合成的起始 核糖体的大、小亚基，模板 mRNA 及甲硫氨酰 -tRNA（或甲酰甲硫氨酰 -tRNA）相互结合，形成起始复合体，此过程需要 GTP、三种起始因子 IF（IF-1、IF- 2、IF-3）及 Mg^{2+} 的参与（图 10-9）。

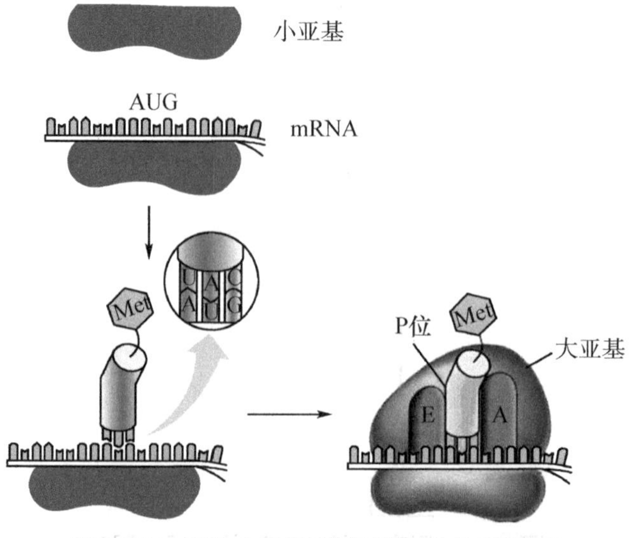

图 10-9 原核生物翻译起始复合物的形成

2. 肽链合成的延长　在起始复合物的基础上，各种氨基酰 -tRNA 按照 mRNA 上遗传密码的顺序在核糖体上依次对号入座，其携带的氨基酸则以肽键依次连接形成多肽链。这一过程是在核糖体上连续循环进行的，故称为核糖体循环。该阶段分为进位、转肽、移位三个步骤（图 10-10）。

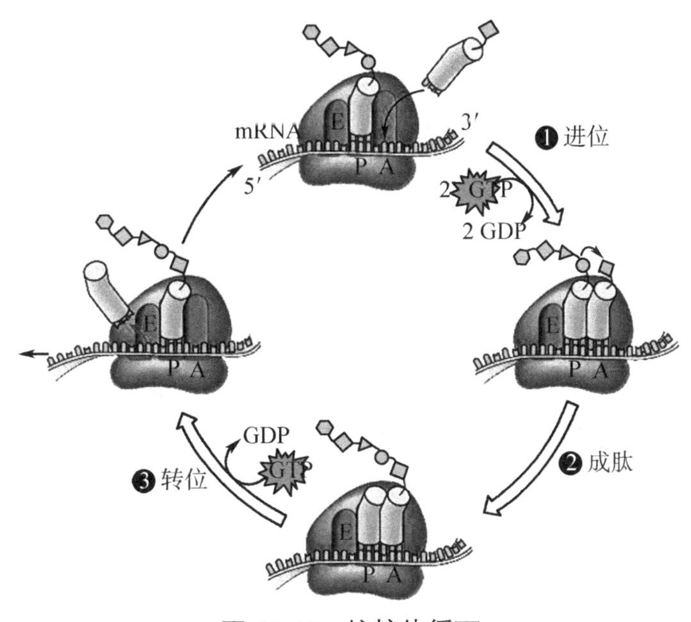

图 10-10　核糖体循环

（1）进位：在起始复合物中 A 位是空的，依据 A 位处相应的 mRNA 的第二个密码子，相应的氨基酰 -tRNA 的反密码子与此密码子互补结合，进入到 A 位，这个过程必须有 EF-Tu 的参与及 GTP 供能。

（2）转肽：在转肽酶作用下，给位上甲酰甲硫氨酰 -tRNA 的甲硫氨酰基向受位移动，并与受位上氨基酰 -tRNA 通过肽键结合成二肽酰 tRNA，而空载的 tRNA 仍在 P 位。此过程需要 Mg^{2+} 和 K^{+} 的参与。

（3）移位：在转位酶的作用下，核糖体沿着 mRNA 向 3′ 方向移动一个密码子的距离，原来位于 A 位的肽酰 -tRNA 以及其对应的密码子移到 P 位，空载 tRNA 移至 E 位，A 位空出，mRNA 的下一个密码子进入 A 位，为另一个能与之对应的氨基酰 -tRNA 的进位做好准备。当新的氨基酰 -tRNA 进入 A 位后，位于 E 位上的空载 tRNA 随之脱落。此过程需要 EF-G 和 Mg^{2+} 参与，由 GTP 供能。

肽链每增加一个氨基酸都需要经过此三步反应，核糖体沿着 mRNA5′→3′ 的方向滑动，相应的肽链合成从 N 端→C 端延伸，直到终止密码子出现在核糖体的 A 位上为止。

3. 肽链合成的终止　是指当核糖体 A 位出现 mRNA 终止密码后，多肽链合成停止，肽链从肽酰 -tRNA 中释放出来，模板 mRNA、核糖体大、小亚基等分离，这个过程称为肽链合成的终止（图 10-11）。

以上所述是单个核糖体循环。实际上细胞内合成蛋白质时，由多个核糖体串联在一起，聚合在同一个 mRNA 上，形成多聚核糖体，同时进行多条相同肽链的合成。

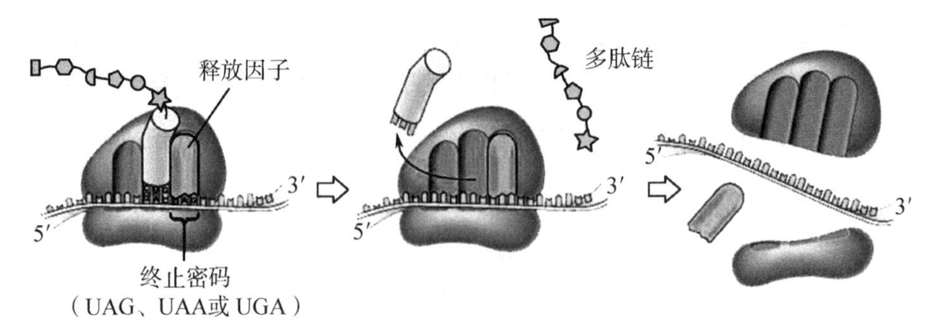

图 10-11 肽链合成的终止

（三）翻译后的加工修饰

从核糖体释放出来的新生多肽链没有生物活性，需要经过复杂的翻译后加工修饰，才能转变为具有生物活性的蛋白质，这一过程称为翻译后加工。常见的加工修饰方式有以下几种。

1. 新生肽链的折叠　多肽链合成后需要逐步折叠成天然空间构象，才能成为有生物活性的蛋白质。新生肽链N端在核糖体上一出现，肽链的折叠即开始。随着序列的不断延伸，肽链逐步折叠，形成完整空间结构。

2. 切除N端的甲硫氨酸和部分肽段　新合成多肽链的第一个氨基酸残基为甲硫氨酸或甲酰甲硫氨酸，但绝大多数天然蛋白质的N端第一位是其他的氨基酸残基，故甲硫氨酸或甲酰甲硫氨酸残基需在肽链合成完成后，或在肽链的延伸过程中，由氨基肽酶或脱甲酰基酶催化水解去除。

3. 氨基酸残基侧链的修饰　包括二硫键的形成，赖氨酸、脯氨酸的羟基化，丝氨酸、苏氨酸的磷酸化，组氨酸的甲基化，谷氨酸的羧基化等。

4. 辅基的连接和亚基的聚合　结合蛋白质的合成过程中，多肽链合成后还需进一步与辅基连接起来，才具有生物学功能，如糖蛋白中糖链的加入；具有2个或2个以上亚基的蛋白质，在各条肽链合成后，还需通过非共价键将亚基聚合成多聚体，形成蛋白质的四级结构，如血红蛋白。

5. 水解修剪　一些多肽链合成后，需要在特异蛋白水解酶的作用下，去除某些肽段或氨基酸残基。

6. 靶向输送　蛋白质合成后，被定向地输送到其执行功能的场所称为靶向输送。大多数情况下，被输送的蛋白分子需穿过膜性结构，才能到达特定的地点。

考点 蛋白质合成的基本过程

案例 10-1

某患者因发热、肌肉酸痛、乏力而来院就诊。临床表现呈贫血容貌。实验室检查为小红细胞低血红素性贫血。红细胞形态呈镰刀形，生存期缩短，有明显的溶血现象，血红蛋白含量下降。

问题： 1. 试问该患者患有何种贫血？

2. 此患者为什么红细胞呈镰刀形？请用生化理论加以解释。

3. 你认为用什么方法才能从根本上治疗这种疾病？

三、蛋白质生物合成与医药学的关系

蛋白质生物合成与遗传、分化、免疫、肿瘤发生及药物作用均有密切关系，是医学上的重大问题。

（一）分子病

由于 DNA 分子上碱基的变化（基因突变），造成基因缺陷，导致 mRNA 和蛋白质结构与功能异常，由此所致的疾病称为分子病。例如，镰状细胞贫血是典型的分子病，患者血红蛋白 β 链异常是由于 DNA 分子中，控制 β 链合成的基因上一个 T 被一个 A 取代，于是转录生成的 mRNA 上代表谷氨酸的密码子（GAA）变成代表缬氨酸的密码子（GUA）。第 6 位氨基酸残基由亲水的谷氨酸变成疏水的缬氨酸，从而形成异常血红蛋白（HbS）。患者 HbS 结构和功能都异常，容易凝聚析出而使红细胞扭曲成镰刀形，而且脆性增加，极易破裂，产生溶血性贫血（图 10-12）。

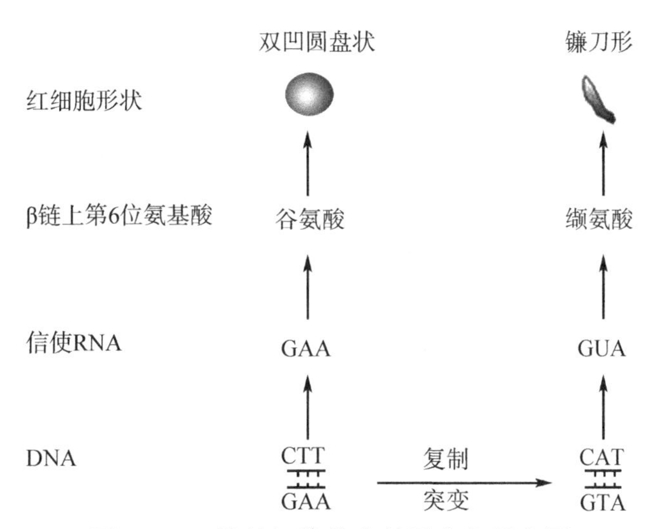

图 10-12　镰状细胞贫血基因突变示意图

（二）抗生素对蛋白质合成的影响

许多抗生素可作用于翻译的各个环节，阻抑细菌和肿瘤的蛋白质合成，发挥药理作用。例如，四环素能与原核生物核糖体的小亚基结合，从而抑制氨基酰 -tRNA 的进位。链霉素能与原核生物核糖体的小亚基结合，改变其构象，引起读码错误，干扰蛋白质合成。氯霉素能与原核生物核糖体大亚基结合，抑制转肽酶活性，阻止肽键的形成等。

自测题

一、名词解释

1. DNA 复制　2. 逆转录　3. 遗传密码　4. 转录　5. 翻译　6. 核糖体循环　7. 分子病

二、单项选择题

1. 以下不是 DNA 复制特点的是（　　）

A. 半保留性　B. 高保真性　C. 半不连续性　D. 稳定性　E. 双向性

2. DNA 复制的酶中，具有保护和稳定单链 DNA 模板作用的是（　　）

A. 拓扑异构酶

B. 单链 DNA 结合蛋白

C. 引物酶

D. DNA 聚合酶

E. DNA 连接酶

3. 在 DNA 复制中 RNA 引物的作用是（　　）

A. 活化 DNA 聚合酶

B. 解开 DNA 双链

C. 为合成的 DNA 链提供 3′-OH 端

D. 为新合成的 RNA 链提供 3′-OH 端

E. 维持单链 DNA 的稳定性

4. 转录是（　　）

A. 以 DNA 为模板，以四种 NTP 为原料，合成 RNA

B. 以 DNA 为模板、以四种 dNTP 为原料，合成 DNA

C. 以 RNA 为模板，以四种 NTP 为原料，合成 RNA

D. 以 RNA 为模板，以四种 NTP 为原料，合成 DNA

E. 以上都不是

5. 蛋白质多肽链中氨基酸的排列顺序取决于（　　）

A. 相应的 tRNA 的专一性

B. 相应的氨基酰 -tRNA 合成酶的专一性

C. 相应的 tRNA 中核苷酸的排列顺序

D. 相应的 mRNA 中核苷酸的排列顺序

E. 相应的 rRNA 中核苷酸的排列顺序

6. 一个反密码子 5′-CGU-3′ 能识别的密码子是（　　）

A. 5′-UCG-3′　　B. 5′-GCA-3′

C. 5′-CGU-3′　　D. 5′-ACG-3′

E. 5′-UGC-3′

7. 翻译过程的终止是因为（　　）

A. 已经达到 mRNA 的尽头

B. 终止密码子出现并被特异的 tRNA 识别而结合

C. 终止密码子出现并被释放因子识别而结合

D. 终止密码子有可以水解肽酰基与 tRNA 之间的连接键

E. 终止密码子阻止核糖体沿模板的移动

8. 四环素阻断细菌多肽链的合成是因为（　　）

A. 抑制转肽酶活性

B. 与核糖体的大亚基结合

C. 阻止多肽链的释放

D. 与核糖体的小亚基结合

E. 阻止氨基酸的活化

三、简答题

1. 简述三种 RNA 在蛋白质生物合成中的作用。

2. 遗传密码具有哪些特点?

3. 简述核糖体循环的过程。

（李宇周　杨秀玲）

第 11 章 肝脏的生物化学

肝脏是人体内的重要器官之一，是人体物质代谢的中枢。这与肝脏特殊的组织结构和细胞结构密切相关。

从组织结构上讲，肝有肝动脉和门静脉双重的血液供应，不仅给肝细胞带来了充足的 O_2 和肠道吸收的营养物质，也将肠道的腐败产物运送到了肝内代谢。肝还有肝静脉和胆道系统两条输出通道，可以通过尿液和粪便将代谢废物排出体外。另外，肝有丰富的血窦，有利于和血液之间进行物质交换。

从细胞结构上讲，肝细胞内含有丰富的细胞器，如线粒体、内质网、高尔基复合体、溶酶体等，为各种物质代谢的进行提供了便利条件。肝细胞内线粒体尤其多，是三羧酸循环和氧化磷酸化进行的重要部位，因此，肝脏是重要的产能器官，被称为人的“动力工厂”。

另外，肝细胞内酶的种类繁多，且有些酶的活性在肝内更高，更有一些酶是肝细胞内特有的。以上特点使得体内多种代谢在肝内进行，有些代谢主要在肝内进行，还有些代谢只能在肝内进行。

正如前面几章所学习到的那样，肝在糖代谢、脂质代谢、蛋白质代谢、核苷酸代谢及维生素的储存及转化中均发挥着重要作用。除此之外，肝还参与非营养物质在体内的生物转化、胆汁酸及胆色素的代谢。

第 1 节　肝在物质代谢中的作用

一、肝在糖代谢中的作用

肝是调节血糖水平最重要的器官，可通过肝糖原的合成与分解、糖异生等作用调节血糖浓度的相对恒定（详见糖代谢）。因此，肝功能严重损伤时，容易造成糖代谢紊乱。

二、肝在脂质代谢中的作用

肝在脂质的消化、吸收、转运、合成和分解代谢中都有重要作用。在肝细胞内，以胆固醇为原料合成的胆汁酸可促进脂类和脂溶性维生素的消化和吸收；患肝脏疾病时，脂质消化吸收障碍，可出现厌油腻食物和脂肪泻等症状。VLDL 和 HDL 等均在肝细胞内合成，它们分别在三酰甘油和胆固醇的转运中起主要作用。肝还是合成胆固醇、脂肪酸、三酰甘油和磷脂的主要器官。肝也是脂质降解的主要场所：LDL 主要在肝内降解；脂肪酸的分解也主要在肝细胞内进行，脂肪酸经 β 氧化后的产物可继续在肝内生成酮体；在肝内以胆固醇为原料合成胆汁酸是机体清除胆固醇的主要方式。

三、肝在蛋白质代谢中的作用

肝在体内蛋白质的合成、分解代谢中均发挥极其重要的作用。

1. 肝是蛋白质生物合成的主要器官　除合成自身蛋白质外，肝还能合成多种分泌蛋白质。血浆蛋白中，除γ-球蛋白由浆细胞合成外，其他所有的蛋白质几乎均由肝脏合成，如清蛋白、纤维蛋白原和凝血酶原等多种凝血因子、多种载脂蛋白（ApoA、ApoB、ApoC 和 ApoE 等）均在肝内合成。正常人血清中清蛋白（A）与球蛋白（G）的比值（A/G）为（1.5 ～ 2.5）/1。当肝功能严重受损时，清蛋白合成减少，使 A/G 值降低。如果 A/G ＜ 1，称为 A/G 值倒置。A/G 值倒置可作为临床上慢性肝细胞损伤的重要辅助诊断指标。由于多种凝血因子均在肝内合成，所以严重肝病的患者会出现凝血时间延长或凝血功能障碍。甲胎蛋白（AFP）在胚胎期肝细胞内合成，人出生后，AFP 合成受到抑制，正常人血清中很难检出。原发性肝癌细胞中的 AFP 基因可意外表达，故血清中能检测到 AFP。目前在临床上，AFP 作为重要的肿瘤标志物用于原发性肝癌的筛查。

2. 肝是氨基酸分解代谢的主要场所　蛋白质分解产生的氨基酸，除支链氨基酸（亮氨酸、异亮氨酸、缬氨酸）外，主要在肝内进行代谢转变。肝内有多种高活性的转氨酶（如 ALT、AST 等），能促进氨基酸的脱氨基作用；氨基酸脱氨基的产物——氨，主要通过在肝内合成尿素而解毒。肝细胞受损时，细胞膜通透性增大，细胞内酶释放入血，导致血清中 ALT、AST 的活性升高，故临床上将血清中 ALT、AST 测定作为肝细胞损害的生化指标。肝功能严重障碍时，氨和某些胺类不能及时清除，均是导致肝性脑病的可能性原因。

四、肝在维生素代谢中的作用

无论是维生素的吸收、储存还是转化，肝均发挥着举足轻重的作用。肝合成的胆汁酸盐在促进脂质消化吸收的同时，也促进了脂溶性维生素的吸收。多种维生素如维生素 A、维生素 D、维生素 K 及维生素 B_{12} 等主要在肝脏内储存。有些维生素经在肝内转化成其活性形式，如β-胡萝卜素转化为维生素 A、维生素 D_3 转化为 25-(OH)-D_3、维生素 B_1 转化为 TPP、维生素 B_2 转化为 FAD 与 FMN、维生素 PP 转化为辅酶Ⅰ（NAD^+）和辅酶Ⅱ（$NADP^+$）等反应均在肝细胞内进行。

五、肝在激素代谢中的作用

肝在激素代谢中的作用是进行激素的灭活。激素的灭活是指激素在发挥完作用后，在肝内通过一定的化学反应使其活性降低或丧失的过程。醛固酮、抗利尿激素、胰岛素、胰高血糖素、肾上腺素、甲状腺素、雌激素等主要在肝内进行灭活。当肝功能严重受损时，肝对雌激素、醛固酮、抗利尿激素等的灭活功能降低，从而出现男性乳房女性化、蜘蛛痣或肝掌及水钠潴留等现象。

第 2 节　肝的生物转化作用

一、生物转化的概念及生理意义

（一）生物转化的概念

非营养物质在体内的代谢转变过程称为生物转化作用。这些非营养物质既不参与构成组织细胞，也不能氧化供能，有的甚至还有毒性。

人体内的非营养物质按其来源可分为内源性和外源性两大类。内源性非营养物质包括体内代谢中产生的生物活性物质如激素、神经递质等及有毒的代谢产物，如氨、胆红素等。外源性非营养物质是外界进入体内的各种物质，如药物、毒物、食品添加剂（色素、防腐剂等）、及其他化学物质等。肝是生物转化作用的最主要器官，肠、肺、肾、皮肤等也有少量生物转化功能。

（二）生物转化的生理意义

非营养物质经过生物转化作用后其极性增强，溶解度增加，易于随胆汁或尿液排出体外，或者毒性、生理活性及药理作用发生改变。

多数情况下，非营养物质经生物转化后，毒性降低，但有时转化后其毒性反而增强。例如，黄曲霉素经过肝的生物转化后表现出更强的致癌性。因此，生物转化具有解毒和致毒的双重性。

体内许多激素在发挥完生理作用后，要转运到肝内，通过一定的化学反应进行灭活。激素的灭活就是肝对激素进行的生物转化作用。

有些药物进入体内后必须经过肝的生物转化才能发挥药理作用，而有些药物则是发挥完药理作用后到肝内使其丧失药理作用。

二、生物转化的反应类型

肝的生物转化反应可分为氧化反应、还原反应、水解反应和结合反应四种反应类型，其中氧化反应、还原反应、水解反应被称为第一相反应，结合反应被称为第二相反应。

（一）第一相反应

1. 氧化反应　氧化反应是生物转化反应中最常见的反应类型，肝细胞中含有多种不同氧化酶系参与非营养物质的生物转化。

（1）单加氧酶系：是最多见的氧化酶系，存在于肝细胞滑面内质网，为依赖细胞色素 P450 的单加氧酶系，也称混合功能氧化酶或羟化酶，可催化底物分子加羟基而氧化，其反应通式如下：

$$RH + O_2 + NADPH + H^+ \rightarrow ROH + NADP^+ + H_2O$$

单加氧酶的羟化作用不仅增加了药物或毒物的水溶性，有利于排泄，而且是许多物质代谢不可缺少的步骤。

（2）单胺氧化酶系：单胺氧化酶属于黄素酶类，它存在于线粒体中，可催化胺类物质进行氧化脱氨，生成相应的醛类，后者进一步在胞液中氧化成酸类，反应通式如下：

$$RCH_2NH_2 + O_2 + H_2O \longrightarrow RCHO + NH_3 + H_2O_2$$

$$RCHO + NAD^+ + H_2O \longrightarrow RCOOH + NADH + H^+$$

肠道的腐败产物，如酪胺、尸胺、腐胺等及一些肾上腺素能药物，如5-羟色胺、儿茶酚胺类等，通过此酶系作用进行灭活。

（3）脱氢酶系：肝细胞的胞液及内质网有丰富的醇脱氢酶（ADH）和醛脱氢酶（ALDH），可催化醇氧化生成醛、醛进一步氧化生成酸。乙醇转变为乙醛和乙酸的氧化过程如下所示：

$$\underset{\text{乙醇}}{CH_3CH_2OH} \longrightarrow \underset{\text{乙醛}}{CH_3CHO} \longrightarrow \underset{\text{乙酸}}{CH_3COOH}$$

2. 还原反应　肝细胞中内质网存在偶氮还原酶和硝基还原酶，分别能使偶氮化合物和硝基化合物还原生成相应的芳香胺类，反应所需的氢由NADPH提供。例如：

$$\underset{\text{硝基苯}}{C_6H_5{-}NO_2} \xrightarrow{\text{脱氧}} \underset{\text{亚硝基苯}}{C_6H_5{-}NO} \xrightarrow{\text{加氢}} \underset{\text{苯胺}}{C_6H_5{-}NH_2}$$

3. 水解反应　肝细胞胞液和内质网中有各种水解酶，如酰胺酶、酯酶及糖苷酶，可水解含酰胺键、酯键及糖苷键类化合物，如药物阿司匹林（乙酰水杨酸）的水解。

$$\underset{\text{乙酰水杨酸}}{C_6H_4(OCOCH_3)COOH} \xrightarrow[\text{酯酶}]{H_2O} \underset{\text{水杨酸}}{C_6H_4(OH)COOH} + \underset{\text{乙酸}}{CH_3COOH}$$

（二）第二相反应——结合反应

结合反应是体内最重要的生物转化方式，常常发生在非营养物质的一些功能基团上，如氨基、羟基或羧基等。一些非营养物质可以直接进行结合反应，有一些则需要先经过第一相反应后再进行第二相反应。结合反应可在肝细胞的微粒体、细胞质和线粒体内进行。

1. 葡糖醛酸结合反应　此反应最为常见，活性供体为尿苷二磷酸葡糖醛酸（UDPGA）。例如：

$$\underset{\text{苯甲酸}}{C_6H_5{-}COOH} + UDPGA \xrightarrow{\text{葡糖醛酸转移酶}} \underset{\text{苯甲酸-}\beta\text{-葡糖醛酸苷}}{C_6H_5{-}COOGA} + UDP$$

2. 硫酸结合反应　在肝细胞中有硫酸转移酶，能催化酚类、类固醇、芳香胺等与3′-磷酸腺苷-5′-磷酸硫酸（PAPS）结合生成硫酸酯。PAPS是活性硫酸的供体，如雌酮在肝脏内与硫酸结合而失活。

$$\underset{\text{雌酮}}{\text{HO-雌酮}} + PAPS \xrightarrow{\text{硫酸转移酶}} \underset{\text{雌酮硫酸酯}}{HO_3SO\text{-雌酮}} + PAP$$

3. 乙酰基结合反应 乙酰基的供体是乙酰 CoA，芳香胺类物质在乙酰转移酶催化下与乙酰基结合，生成相应的乙酰化合物。大部分磺胺类药物通过此方式灭活，但乙酰磺胺的溶解度因此而降低，在酸性条件下容易析出，而在碱性条件下可提高其溶解度，所以，在服用磺胺药时可与碱性药物（如小苏打）配伍，也可增加饮水使其易于随尿液排出体外。例如：

$$H_2N{-}C_6H_4{-}SO_2NH_2 + CH_3CO{\sim}SCoA \xrightarrow{\text{乙酰基转移酶}} CH_3CO{-}NH{-}C_6H_4{-}SO_2NH_2 + HSCoA$$

对氨基苯磺酰胺　　　　对乙酰氨基苯磺酰胺

考点 生物转化的概念和意义及反应类型

三、生物转化的影响因素

影响生物转化作用的因素有很多，包括年龄、性别、肝脏疾病及药物的诱导与抑制等体内外各种因素。新生儿特别是早产儿由于肝内酶系发育不完善，对于药物及毒物的转化能力不足，易发生药物及毒物中毒。老年人因为器官退化，生物转化能力下降，肝血流量及肾的廓清速率下降，药物在体内的半衰期延长，服药后药性较强，不良反应较大。因此，在临床上对新生儿和老人用药应注意剂量。有些生物转化作用存在明显的性别差异，如女性体内醇脱氢酶的活性一般都高于男性，对氨基比林的转化能力也比男性强。肝病患者肝功能低下可以影响肝的正常生物转化功能，容易造成肝脏损害，用药应慎重。

第 3 节 胆汁酸代谢

案例 11-1

患者，男，56 岁，最近几个月出现乏力、食欲减退、厌油、恶心、腹胀等症状，经医院检查诊断为乙型肝炎。

问题：试用肝脏生化知识解释患者出现厌油、腹胀的原因。

（一）胆汁酸的生理功能与分类

胆汁是由肝细胞分泌生成，储存在胆囊，经胆管排至肠道的一种有苦味的黄色液体。胆汁酸（bile acids，BA）是胆汁中的主要有效成分，常以钠盐的形式存在，又称胆汁酸盐。胆汁酸的主要功能是促进脂类的消化和吸收。胆汁酸分子内既有亲水基团又有疏水基团，所以它具亲水和疏水两种作用，能够降低油与水两相间的表面张力，这种结构使其成为较强的乳化剂，既有利于脂类乳化，又有利于脂类吸收。

另外，胆汁中的胆汁酸盐与卵磷脂可以让胆固醇分散形成可溶性微团，使之不易形成结晶沉淀。若胆汁酸、卵磷脂和胆固醇比值降低，则可使胆固醇以结晶形式析出形成结石。

胆汁酸可分为初级胆汁酸和次级胆汁酸两类，每类又有游离型和结合型之分。

考点 胆汁酸的生理功能

案例 11-2

患者，男，近5年胆囊炎反复发作。今日外出饭后出现右上腹持续性疼痛4小时，阵发性加剧向右肩背放射；伴发热、恶心呕吐就诊，诊断为慢性胆囊炎急性发作，医生建议手术治疗，患者及家人担心切除胆囊后没有胆汁不愿手术。

问题： 1. 胆汁是在胆囊生成并分泌的吗？

2. 胆汁的生理功能是什么？

（二）胆汁酸的代谢

1. 初级胆汁酸的生成　在肝细胞内由胆固醇转变的胆汁酸称为初级胆汁酸。胆固醇在 7α- 羟化酶催化下转变为 7α- 羟胆固醇，然后再转变成初级游离胆汁酸，即鹅脱氧胆酸和胆酸，两者可与甘氨酸或牛磺酸结合，生成初级结合型胆汁酸。人胆汁中的胆汁酸以结合型为主。

2. 次级胆汁酸的生成　随胆汁流入肠腔的初级胆汁酸在协助脂类物质消化吸收的同时，在小肠下段及大肠受肠道细菌作用，初级结合胆汁酸水解释放出甘氨酸和牛磺酸，转变为初级游离胆汁酸，再发生 7α- 脱羟基，生成次级游离胆汁酸，即石胆酸和脱氧胆酸（鹅脱氧胆酸转变成石胆酸，胆酸转变成脱氧胆酸）。肠道中的各种胆汁（包括初级、次级、游离型与结合型）中有 95% 被肠壁重吸收，以回肠部对结合型胆汁酸的主动重吸收为主，其余在肠道各部被动重吸收，形成胆汁酸的肠肝循环，少量随粪便排出。

由肠道重吸收的胆汁酸（包括初级胆汁酸和次级胆汁酸，结合型胆汁酸和游离型胆汁酸）均由门静脉进入肝，在肝中游离型胆汁酸再转变成结合型胆汁酸，再随胆汁排入肠腔，此过程称为胆汁酸的肠肝循环（图 11-1）。胆汁酸肠肝循环的生理意义在于使有限的胆汁酸反复

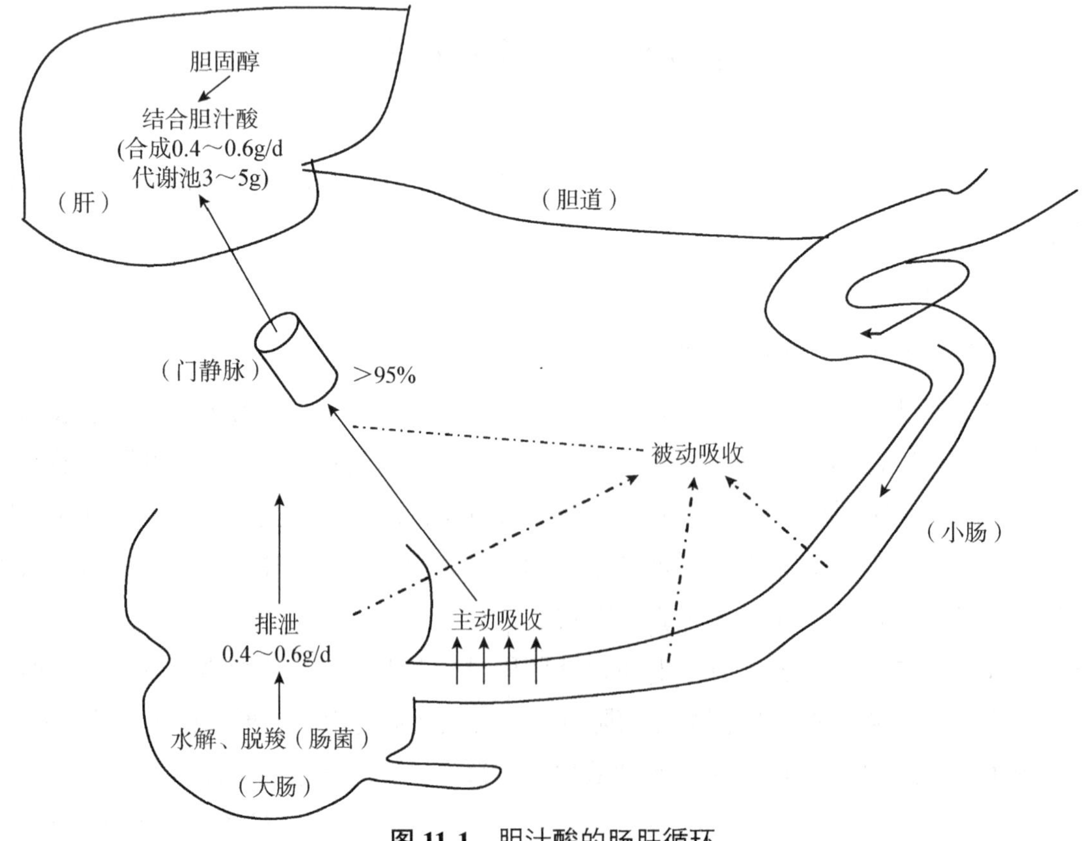

图 11-1　胆汁酸的肠肝循环

利用，促进脂类的消化与吸收。每日可以进行 6 ～ 12 次肠肝循环，使有限的胆汁酸能够发挥最大限度的乳化作用，以维持脂类食物消化吸收的正常进行。

考点 胆汁酸肠肝循环的生理意义

第 4 节　胆色素的代谢

胆色素包括胆红素、胆绿素、胆素原和胆素等，是体内含铁卟啉结构的化合物分解代谢产生的一类有颜色的化合物。胆红素呈橙黄色，胆绿素为蓝绿色，胆素原无色，但接触空气后可被空气中的 O_2 氧化生成黄色的胆素。正常情况下，尿液和粪便的黄色主要来自胆素。

体内含铁卟啉结构的化合物主要是血红蛋白，其次还有肌红蛋白、细胞色素体系、过氧化物酶及过氧化氢酶等。下面以血红蛋白分解为例介绍胆色素的代谢过程。

考点 胆色素来源与组成成分

一、胆红素在单核 / 巨噬细胞的生成

人体内红细胞的平均寿命为 120 天，衰老的红细胞在单核 / 巨噬细胞系统中被破坏，释放出血红蛋白，血红蛋白分解生成珠蛋白和血红素。血红素在单加氧酶作用下生成胆绿素，然后由胆绿素还原酶的催化生成胆红素。此时的胆红素为游离胆红素，脂溶性强，极易透过生物膜，对大脑有毒害作用。

二、胆红素在血液中的运输

游离胆红素与其载体清蛋白结合形成胆红素 - 清蛋白复合物在血液中运输。由于结合了清蛋白，一方面胆红素无法透过细胞膜进入细胞内产生毒害作用；另一方面，当胆红素 - 清蛋白复合物随血液循环流经肾小球时，也不能经肾小球滤过到尿液中。

考点 胆红素在血液中的运输形式

三、胆红素在肝中的转变

当未结合胆红素随血液运输到肝时，胆红素与清蛋白分离，胆红素被摄入肝细胞内。在肝细胞中存在两种载体蛋白，即 Y 蛋白与 Z 蛋白，两者均可与胆红素结合形成胆红素 -Y 蛋白或胆红素 -Z 蛋白复合物，以此形式转运至内质网。在内质网，胆红素在葡糖醛酸转移酶的催化下，接受来自 UDPGA 的葡糖醛酸基，生成胆红素葡糖醛酸，也就是结合胆红素。

$$\text{胆红素} + \text{UDPGA} \longrightarrow \text{胆红素葡糖醛酸} + \text{UDP}$$

这是肝对有毒的胆红素所进行的生物转化反应，通过该反应生成的结合胆红素与之前相比水溶性增强，不易透过细胞膜，毒性降低。故在单核巨噬细胞系统生成的胆红素及与清蛋白结合而运输的胆红素均未进行结合反应，被称为未结合胆红素。

四、胆红素在肠中的转变及胆素原的肠肝循环

（一）胆红素在肠中的转变

结合胆红素随胆汁排入肠道后，在肠道菌作用下先脱去葡糖醛酸基，再逐步还原成无色

的胆素原。大部分胆素原随粪便排出体外，在肠管下端被空气氧化成黄褐色的粪胆素，是粪便颜色的主要来源。当肠道阻塞时，结合胆红素不能入肠转化为胆素原和胆素，可使粪便颜色变浅甚至呈灰白色。

（二）胆素原的肠肝循环

肠道中有 10% ～ 20% 的胆素原被肠黏膜重吸收，经门静脉回肝，其中的大部分又被肝细胞摄取，再次随胆汁排入肠腔，形成了“胆素原的肠肝循环”。小部分胆素原进入体循环随血液流经肾脏随尿排出，称为尿胆原。尿胆原与空气接触后，被氧化为黄色的尿胆素，是尿液的主要颜色来源。临床上将尿胆红素、尿胆素原、尿胆素合称为尿三胆，是黄疸类型鉴别诊断的常用指标。

胆色素在体内的代谢过程见图 11-2。

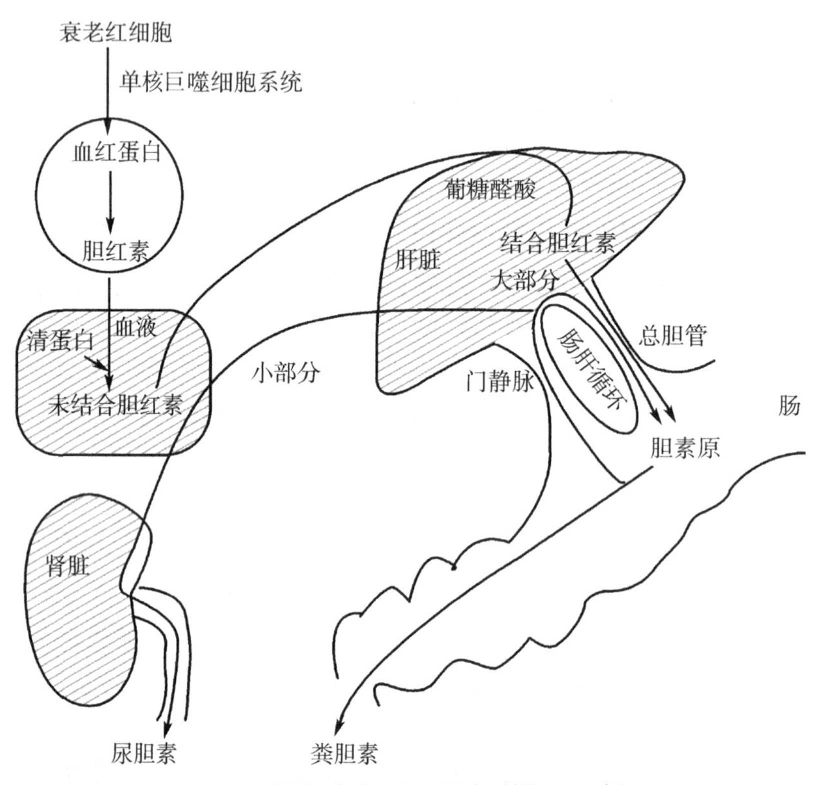

图 11-2 胆红素代谢及胆素原的肠肝循环

案例 11-3

患者，男，乙型肝炎病史 15 年，2 年前出现黄疸，一直无好转，1 个月前加重，查体：肝掌、蜘蛛痣阳性，巩膜重度黄染。

问题：请问患者血、尿、粪的生化指标会如何改变？

五、血清胆红素与黄疸

（一）血清胆红素

正常人血清胆红素的含量在 3.4 ～ 17.1μmol/L（2 ～ 10mg/L），主要是未结合胆红素，占 4/5。两种胆红素的比较见表 11-1。

表 11-1　未结合胆红素与结合胆红素的性质比较

性质	未结合胆红素	结合胆红素
常用名称	游离胆红素 间接胆红素 血胆红素	胆红素葡糖醛酸 直接胆红素 肝胆红素
溶解性	脂溶性	水溶性
与重氮试剂反应	缓慢、间接	迅速、直接
与葡糖醛酸结合	未结合	结合
膜通透性	大	小
能否被肾小球滤到尿中	不能	能
毒性	大	小

（二）黄疸

各种原因导致血清总胆红素含量升高，引起皮肤、黏膜、巩膜等黄染的现象称为黄疸。当血清胆红素浓度在 17.1 ～ 34.2μmol/L（10 ～ 20mg/L）时，肉眼观察不到皮肤与巩膜的黄染现象，称为隐性黄疸，当血清胆红素高于 34.2μmol/L（20mg/L）时，肉眼可见皮肤、黏膜和巩膜等组织出现黄染，即为临床上的显性黄疸。根据黄疸产生的原因不同，可将黄疸分为三种类型。

1. 溶血性黄疸　恶性疟疾、某些药物、葡萄糖 -6- 磷酸脱氢酶缺乏及输血不当等原因导致红细胞大量破坏，单核 / 巨噬细胞生成过多的胆红素，超过了肝细胞的摄取转化、排泄能力，可引起溶血性黄疸。

其特点是：血清总胆红素升高，以未结合胆红素升高为主，结合胆红素变化不大，因未结合胆红素不能由肾小球滤过，故尿中无胆红素。肝最大限度地处理和排泄胆红素，造成粪便和尿液中的胆素原增多，颜色均加深。

2. 肝细胞性黄疸　肝炎、肝硬化、肝肿瘤等肝实质病变时导致肝细胞受损，使其摄取、结合、转化、排泄胆红素的能力降低，可引起肝细胞性黄疸。一方面肝不能将未结合胆红素全部转化为结合胆红素，使血中未结合胆红素升高；另一方面肝细胞肿胀，毛细胆管阻塞或破裂，使部分结合胆红素反流入血，使血中结合胆红素也升高。

其特点是：血清总胆红素升高，未结合胆红素和结合胆红素均升高。由于肝细胞损伤程度不同，尿中胆素原含量变化不定，一方面经肠肝循环重吸收到达肝的胆素原不能有效地随胆汁再排泄，引起血和尿中胆素原可能增加，另一方面肝有实质性损害，结合胆红素生成少，且不能顺利排入肠腔，故尿中胆素原可能减少。肝细胞对结合胆红素的生成和排泄减少，粪便颜色变浅。

3. 阻塞性黄疸　胆管炎症、肿瘤、结石、胆道蛔虫或先天性胆道闭塞等疾病导致胆汁排泄受阻，使胆小管和毛细胆管内压力增大破裂，致胆汁中结合胆红素反流入血可引起阻塞性黄疸。

其特点是：血清总胆红素升高，以结合胆红素浓度升高为主，未结合胆红素无明显变化。

结合胆红素可以透过肾小球滤过，因而尿中胆红素阳性。由于结合胆红素不易或不能排入肠道，使肠道中胆素原生成减少，粪便颜色变浅或呈灰白色，尿色变浅。三种类型黄疸血、尿、粪的变化见表 11-2。

表 11-2 三种类型黄疸血、尿、粪的变化

类型	血		尿			粪
	未结合胆红素	结合胆红素	胆红素	胆素原	尿胆素	颜色
正常	0～8mg/L	极少	–	少量	少量	黄色
溶血性黄疸	↑↑	不变或微增	–	↑↑	↑	加深
肝细胞性黄疸	↑	↑	++	不定	不定	变浅或正常
阻塞性黄疸	不变或微增	↑↑	++	↓或无	↓	变浅或陶土色

考点 黄疸的概念和分类

自 测 题

一、名词解释

1. 生物转化 2. 黄疸

二、单项选择题

1. 人体内生物转化最主要的器官是（ ）
   A. 皮肤 B. 肝
   C. 肠 D. 肺
   E. 肾

2. 胆汁酸合成的原料是（ ）
   A. 红细胞 B. 胆固醇
   C. 胆色素 D. 脂肪酸
   E. 类固醇激素

3. 胆红素主要是下列哪种物质分解的产物（ ）
   A. 胆固醇 B. 胆汁酸
   C. 血红蛋白 D. 糖类
   E. 激素

4. 胆红素在血液中主要运输形式是（ ）
   A. 游离胆红素 B. 胆红素 -Y 蛋白
   C. 胆红素 -Z 蛋白 D. 胆红素 - 清蛋白
   E. 胆红素 - 葡糖醛酸

5. 非营养物质在体内进行的最重要的结合反应类型是（ ）
   A. 与乙酰基结合 B. 与硫酸结合
   C. 与葡糖醛酸结合 D. 与甲基结合
   E. 与半胱氨酸结合

6. 胆红素在肝脏中的转变主要是（ ）
   A. 转变成胆绿素 B. 受单加氧酶系氧化
   C. 形成结合胆红素 D. 与清蛋白相结
   E. 直接排出

三、简答题

1. 生物转化的反应类型有哪些？有何生理意义？
2. 根据产生原因不同，将黄疸分成哪三类？各有何生化特征？

（刘慧灵）

第12章 水和电解质的代谢

水和电解质是人体的重要组成成分，它们共同构成了体液。正常成人体液约占体重60%，细胞内液约占体重40%，细胞外液约占体重20%，其中细胞间液约占体重15%，血浆约占体重5%。

正常人体内体液的含量随年龄、性别、胖瘦程度有明显的个体差异，年龄越小，体液占体重的百分比越大。新生儿体液总量占体重的80%，婴儿期占70%，学龄儿童占65%。

考点 水的含量与分布

第1节 水 代 谢

水是人体内含量最多的成分，常以结合水和自由水两种形式存在。结合水是指与体内的蛋白质或多糖等化合物结合而存在的水；自由水是指可以自由流动的水。

一、水的生理功能

1. 运输功能 水是良好的溶剂，流动性大。营养物质、代谢产物不仅能溶解于水中，也可通过结合相应的载体溶于水中而运输。

2. 促进和参与物质代谢 水不仅作为溶剂给体内的物质代谢提供了良好的环境，加速了化学反应进行，而且水还可以作为底物直接参与体内的代谢反应，如水解反应、加水反应和加水脱氢反应等。

3. 调节体温 水的比热和蒸发热都比较大，所以每升高或降低1℃需要吸收或释放较多的热能。因此，人体内大量水的存在使得体内产生大量热能时，温度不会一时间升高太多，而外界环境变化时，也不至于使温度降低太多。

4. 维持组织的形态与功能 结合水广泛分布于各组织细胞中，对维持脏器的形态、硬度、弹性等方面起到重要作用。

5. 润滑作用 水是良好的润滑剂，泪液、关节腔滑液等正是由于水的存在才减少了运动时造成的摩擦。

二、水的来源和去路

（一）水的来源

人体每天水的来源主要有三个方面（表12-1）。

1. 饮水 这是水的主要来源，正常成人平均每天通过饮水摄入的水量平均约为1200ml。

2. 食物水　正常成人每天随食物摄入的水量大约为 1000ml。

3. 代谢水　来自糖、脂肪和蛋白质等营养物质氧化分解生成的水，每天大约为 300ml（每 100g 糖、脂肪和蛋白质氧化后，分别生成 55ml、107ml 和 41ml 水）。

表 12-1　正常成人每天水的摄入

摄入途径	摄入水量（ml/d）
饮水	1 200
食物水	1 000
代谢水	300
合计	2 500

（二）水的去路

人体内水的去路主要有以下 4 条（表 12-2）。

1. 皮肤蒸发　皮肤可以隐性出汗和显性出汗两种形式排水。在正常情况下，成人每天由皮肤以隐性出汗形式蒸发的水大约为 500ml，这种形式排汗主要是排水，电解质量很少，可看成纯水。另一种形式是显性出汗，排出的是一种低渗溶液，在出汗的同时也伴有 Na^+ 和 Cl^- 的排出及少量 K^+ 的排出。大量出汗时，除补水外，还要补盐。

2. 呼吸蒸发　即呼吸时以水蒸气的形式丢失的水。成人每天由呼吸蒸发排出的水约为 350ml。

3. 肾排出　是水的主要去路，一般情况下正常成人每天排出的尿量大约为 1500ml。排尿的目的是排泄代谢废物，成人每天从尿中排出的固体废物一般不少于 35g，主要是尿素、肌酐、尿酸等，所以每天最低尿量约为 500ml。

4. 经粪便排出　正常成人粪便含水量很少，每天由粪便排出的水量大约为 150ml，其中所含电解质也极少。每天消化道分泌的消化液约有 8L，为血浆的两倍。在正常情况下，约有 98% 以上的消化液被重吸收，只有不到 2%（约 150ml）的消化液随粪便丢失。因此，当严重呕吐、腹泻、胃肠减压等引起消化液大量丢失时，应根据丢失消化液的具体情况来补充水分和电解质。

表 12-2　正常成人每天水的排出

排出途径	排出水量（ml/d）
肾排出	1 500
皮肤蒸发	500
呼吸蒸发	350
粪便排出	150
合计	2 500

可以看出，人体每天水的来源和去路均约为 2500ml，保持着动态平衡，2500ml 被称为生理需水量。即使每天不摄入水，仍会有 1500ml 水分通过各种途径丢失（最低尿量 500ml、皮肤蒸发 500ml、呼吸排出 350ml、粪便排出 150ml），称为人体每天水的必然丢失水量。因此，除代谢水外，人体每天还需要从外界补充 1200ml 水才能维持正常的生命活动，1200ml 称为人体每天最低需水量。

考点 水的来源和去路

第 2 节 电解质的代谢

电解质是体液的重要成分，主要为各种无机盐，包括 Na^{+}、K^{+}、Ca^{2+}、Mg^{2+}、H^{+}、Cl^{-}、HCO_3^{-}、HPO_4^{2-} 等，还有蛋白质、有机酸等的阴离子。

一、体液的电解质组成及特点

1. 无论细胞内液还是细胞外液，电解质阴阳离子的摩尔电荷浓度是相等的，体液呈电中性。细胞外液（包括血浆、组织间液）及细胞内液中电解质各种类及含量如表 12-3 所示。

表 12-3 体液中电解质含量及分布

电解质		血浆		组织间液		细胞内液	
		离子（mmol/L）	电荷（mmol/L）	离子（mmol/L）	电荷（mmol/L）	离子（mmol/L）	电荷（mmol/L）
阳离子	Na^{+}	145	145	139	139	10	10
	K^{+}	4.5	4.5	4	4	158	158
	Mg^{2+}	0.8	1.6	0.5	1	15.5	31
	Ca^{2+}	2.5	5	2	4	3	6
	合计	152.8	156.1	145.5	148	186.5	205
阴离子	Cl^{-}	103	103	112	112	1	1
	HCO_3^{-}	27	27	25	25	10	10
	HPO_4^{2-}	1	2	1	2	12	24
	SO_4^{2-}	0.5	1	0.5	1	9.5	19
	蛋白质	2.25	18	0.25	2	8.1	65
	有机酸	5	5	6	6	16	16
	有机磷酸	—	—	—	—	23.3	70
	合计	138.75	156	144.75	148	79.9	205

2. 细胞内外液的离子浓度有明显差异。由表 12-3 可看出，细胞外液的阳离子以 Na^{+} 为主，阴离子以 Cl^{-} 及 HCO_3^{-} 为主。细胞内液的阳离子以 K^{+} 为主，阴离子以 HPO_4^{2-} 和蛋白质为主。

3. 细胞内液和细胞外液离子总量不等，但渗透压基本相等。虽然细胞内液离子总量高于细胞外液，但因细胞内液蛋白质含量高且二价离子（如HPO_4^{2-}、SO_4^{2-}、Mg^{2+}）较多，这些离子产生的渗透压较小，因此，细胞内液与细胞外液的渗透压基本相等。

4. 同是细胞外液，血浆与组织间液中蛋白质差异大。血浆和组织间液中绝大多数离子含量相近，但血浆蛋白质含量远远高于组织间液。

二、电解质的生理功能

（一）维持体液的渗透压和酸碱平衡

Na^+、K^+、Cl^-、HPO_4^{2-}在维持细胞内外液容量和渗透压方面起着重要作用。

Na^+、Cl^-产生的渗透压约占细胞外液总渗透压的80%左右，因此，Na^+、Cl^-分别是维持细胞外液容量和渗透压的主要阳离子和阴离子，而K^+、HPO_4^{2-}则是维持细胞内液容量和渗透压的主要阳离子和阴离子。另外，Na^+、K^+、HCO_3^-、HPO_4^{2-}等是血浆中缓冲体系的组成成分，对维持体液的酸碱平衡起到重要作用（详见第13章酸碱平衡）。

（二）维持神经肌肉的应激性

多种离子与神经肌肉的应激性有关，其关系如下：

$$\text{神经肌肉的应激性} \propto \frac{[Na^+]+[K^+]}{[Ca^{2+}]+[Mg^{2+}]+[H^+]}$$

由此看出，Na^+、K^+能提高神经肌肉的应激性，而Ca^{2+}、Mg^{2+}、H^+则能降低神经肌肉的应激性。

当血中$[K^+]$过低时，神经肌肉的应激性降低，可出现肌肉软弱无力甚至麻痹；血中$[Ca^{2+}]$过低时，神经肌肉的应激性反而增高，这是小儿缺钙时，出现手足搐搦的原因。

无机离子与心肌细胞的应激性也密切相关，关系如下：

$$\text{心肌的应激性} \propto \frac{[Na^+]+[Ca^{2+}]+[OH^-]}{[K^+]+[Mg^{2+}]+[H^+]}$$

可见，Na^+、Ca^{2+}、OH^-能提高心肌应激性，而K^+、Mg^{2+}、H^+则使心肌兴奋性降低。血钾过高对心肌有抑制作用，心脏舒张期延长，心率减慢，严重时可使心跳停止于舒张期。血钾过低时常出现心律失常，心跳停止于收缩期。Na^+和Ca^{2+}对K^+有拮抗作用。

（三）参与组织细胞构成

电解质参与组织细胞的构成，如钙和磷是骨骼的重要组成成分，而铁参与血红素的构成等。

（四）参与物质代谢及代谢调控

一方面，有些离子如Mg^{2+}、Fe^{2+}、Cl^-等可作为酶的组成成分参与物质代谢，如细胞色素体系、过氧化氢酶、血红蛋白、铁硫蛋白中的Fe^{2+}，激酶类中的Mg^{2+}等。

另一方面，有些离子参与物质代谢或代谢调控，如Na^+参与小肠对葡萄糖的吸收；Mg^{2+}参与蛋白质、核酸、脂类和糖类的合成；核酸功能的维持需Zn^{2+}、Cr^{3+}、Mn^{2+}、Co^{2+}、Cu^{2+}等微量元素的参与；环磷酸腺苷（cAMP）和Ca^{2+}是激素作用的第二信使。这一切都说明无机盐在机体物质代谢及调控中起着重要作用。

三、钠、钾、氯的代谢

（一）钠和氯的代谢

1. 钠和氯的含量与分布　正常成人体内的钠含量为 45 ～ 50mmol/kg 体重（相当于 1g/kg 体重）。其中约有 45% 分布于细胞外液，40% ～ 45% 分布于骨，其余分布于细胞内液。

正常成人体内氯主要分布在细胞外液中，是细胞外液的主要阴离子，血浆氯含量为 96 ～ 108mmol/L。

2. 钠和氯的代谢特点　人体每天摄入的钠和氯主要来自食盐。一般成年人每天氯化钠的需要量为 5.0 ～ 9.0g。正常情况下，摄入的钠和氯几乎全部被消化道吸收。钠和氯主要由肾脏排出，少量由汗液及粪便排出。肾脏对尿中钠的排泄调节能力很强，其特点是：多吃多排，少吃少排，不吃不排。当血钠浓度降低时，肾小管对钠的重吸收增强，机体完全停止钠的摄入时，肾脏排钠量可以降至极低，甚至趋近于零。

（二）钾的代谢

1. 钾的含量与分布　正常成人体内钾含量约为 45mmol/kg 体重（相当于 2g/kg 体重），其中 98% 的钾分布在细胞内液，细胞外液的钾约占总钾的 2%。血浆钾浓度为 3.5 ～ 5.5mmol/L。红细胞内钾浓度远远高于血浆钾浓度，故测定血浆钾浓度时一定要防止溶血。

2. 钾的平衡　由于钾进入细胞需依赖“钠泵”的主动转运，且平衡速度较慢，大约需 15 小时才能使细胞内外的钾达到平衡，心脏病患者则需 45 小时左右才能达到平衡。因此，临床上需要多次测定血钾才能准确反映体内钾的含量，以防止出现假性高值。在缺钾症的补钾治疗过程中，严禁静脉推注而尽量口服或静脉缓慢滴注，应坚持补钾液体的浓度不宜过高、量不宜过多、不宜过快和过早，要见尿补钾。

钾的平衡受物质代谢和酸碱平衡的影响。当糖原合成、蛋白质合成时，钾进入细胞内；反之，糖原或蛋白质分解时，钾释放出细胞外。因此，在组织生长旺盛和创伤愈合期，可致血钾降低，故应注意补充钾。严重创伤、组织大量破坏等情况下，由于蛋白质分解代谢增强，细胞内的钾释放到细胞外，可使血钾明显升高。

3. 钾的代谢特点　正常成人每天需钾约 2.5g（60mmol）。所需的钾来自蔬菜、水果、谷类、肉类等食物。从食物中摄入的钾约 90% 在消化道吸收，正常时粪便排钾量不超过 10%，但严重腹泻时，从粪便中丢失钾的量可达正常时的 10 ～ 20 倍。钾的主要排泄途径是肾。钾代谢特点是：多吃多排、少吃少排、不吃也排。即使在不摄入钾的情况下，每天仍有钾从尿中排出。所以，对长期不能进食的患者，要注意补钾。

四、钙、磷的代谢及其调节

（一）钙、磷的代谢

钙和磷是体内含量最多的无机盐，正常成人体内含钙量为 700 ～ 1400g，磷含量为 400 ～ 800g，其中 99% 的钙和 86% 的磷以羟磷灰石复盐［$Ca_{10}(OH)_2(PO_4)_6$］形式构成骨盐分布在骨骼和牙齿中，其余部分存在体液和软组织中。

1. 钙、磷的生理功能　钙、磷的主要功能是形成骨盐。另外，Ca^{2+} 还参与血液的凝固、神经肌肉兴奋性的维持、作为酶的激活剂或抑制剂、细胞信号转导等过程；磷以磷酸根的形式参与物质代谢或酸碱平衡的调节。

2. 钙、磷的吸收与排泄　正常成人每天的需钙量为 0.5 ～ 1.0g，需磷量为 1.0 ～ 1.5g。膳食中的钙和磷主要在小肠吸收。酸性条件有利于钙的溶解，所以凡是能使肠道 pH 下降的食物成分（如糖、氨基酸等）都能促进钙的吸收；食物中的碱性磷酸盐、草酸盐和植酸盐可与钙结合，形成不溶性化合物，从而影响钙的吸收；年龄也是影响钙吸收的因素，钙的吸收与年龄成反比（婴儿对食物钙的吸收率在 50% 以上，儿童约为 40%，成人仅为 20%）。

1, 25-$(OH)_2$-D_3 是影响钙吸收的主要因素，它能促进小肠黏膜细胞合成钙结合蛋白，从而促进钙、磷的吸收。磷易于吸收，其吸收形式主要是酸性无机磷酸盐（BH_2PO_4），凡是影响钙吸收的因素也影响磷的吸收。此外，食物中 Ca/P 值对其吸收有一定影响，实验证明 Ca /P ≈ 2/1 时，较适于吸收。

成人每天排出的钙约 80% 由肠道排出，20% 由肾排出。当钙吸收不良时，粪便中钙增多。磷的排泄与钙相反，30% 由粪便排出，70% 随尿排出。

3. 血钙与血磷

（1）血钙：指血浆或血清中的钙。正常成人血钙平均含量为 2.25 ～ 2.75mmol/L，血钙可分为可扩散钙和非扩散钙两部分。非扩散钙是指与血浆蛋白质（主要是清蛋白）结合的钙，它不易透过毛细血管壁，也不易从肾小球滤过丢失，约占血钙总量的 45%。可扩散钙是指能透过毛细血管壁的钙，其中大部分是游离状态的离子钙，约占血钙总量的 50%，还有一部分是与柠檬酸或其他小分子化合物结合的钙，约占血钙总量的 5%。

$$\text{血钙}\begin{cases}\text{蛋白质结合钙（占血钙总量45\%）——非扩散钙}\\ \left.\begin{array}{l}\text{柠檬酸钙等（占血钙总量5\%）}\\ \text{离子钙（占血钙总量50\%）}\end{array}\right\}\text{可扩散钙}\end{cases}$$

血浆中只有离子钙才能直接发挥生理作用，但血浆中离子钙与蛋白质结合钙之间能相互转变，两者之间存在着动态平衡关系如下图所示：

$$\text{蛋白质结合钙} \underset{[HCO_3^-]}{\overset{[H^+]}{\rightleftharpoons}} Ca^{2+} + \text{蛋白质}$$

这种平衡受血浆 pH 的影响。pH 下降时，血浆清蛋白带负电荷减少，与之结合的钙游离出来，使 Ca^{2+} 浓度升高；相反，当 pH 升高时，血浆中 Ca^{2+} 与蛋白质结合加强，此时即使血清钙总量不变，但 Ca^{2+} 浓度下降，故会出现低钙症状。临床上碱中毒时产生的抽搐就是这个原因。

（2）血磷：指血浆无机磷酸盐中的磷。正常成人血浆无机磷量为 1.1 ～ 1.3mmol/L，初生婴幼儿较高。血清无机磷酸盐约 80% 以 HPO_4^{2-} 形式存在，约 20% 以 $H_2PO_4^-$ 形式存在，PO_4^{3-} 含量极微。

血浆中钙磷含量之间关系密切，正常成人每 100ml 血浆中钙磷浓度以 mg/dl 表示时，它们的乘积为 35 ～ 40。当钙磷乘积 > 40，则提示钙和磷以骨盐的形式沉积于骨组织，骨的钙化正常；若钙磷乘积小于 35，则提示骨的钙化将发生障碍，甚至促使骨盐溶解，影响成骨作用，引起佝偻病（软骨病）或骨质疏松。小儿佝偻病的 X 形腿及 O 形腿如图 12-1 所示。

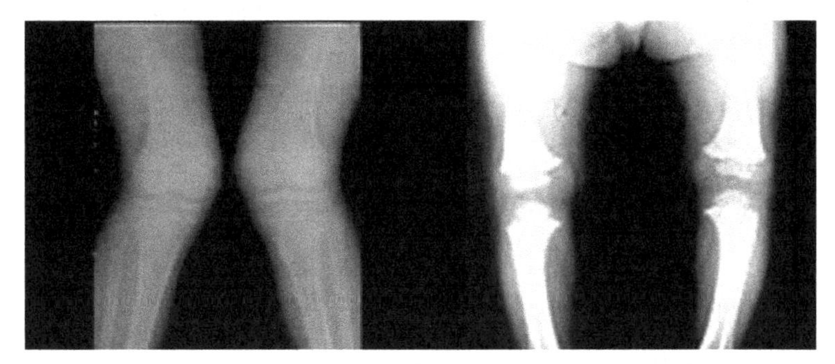

图 12-1　小儿佝偻病的 X 形腿及 O 形腿

（二）钙磷代谢的调节

体内调节钙磷代谢的主要因素有 1, 25-$(OH)_2$-D_3、甲状旁腺素（PTH）、降钙素（CT）等。

1. 1, 25-$(OH)_2$-D_3　它最主要作用是促进小肠黏膜细胞吸收钙和磷，维持血钙和血磷的正常浓度。另外，1, 25-$(OH)_2$-D_3 既可促进成骨作用，又可促进溶骨作用，从而促进了骨的更新。1, 25-$(OH)_2$-D_3 可直接促进肾近曲小管对钙和磷的重吸收。1, 25-$(OH)_2$-D_3 总结果是：升血钙，升血磷，有利于骨的生长和钙化。

2. 甲状旁腺素（PTH）　它是由甲状旁腺主细胞合成分泌的一种 84 肽。它能促进溶骨作用，还能促进肾远曲小管对钙的重吸收，抑制肾近曲小管对 HPO_4^{2-} 的重吸收，因此，可使尿磷排出增加，血磷降低。PTH 调节的总结果是：升血钙、降血磷，促进溶骨和脱钙。

3. 降钙素　它是甲状腺滤泡旁细胞（C 细胞）分泌的一种 32 肽激素。它能促进成骨作用，抑制溶骨作用，还可抑制肾近曲小管对钙和磷的重吸收。其总结果是：降血钙，降血磷。

三种激素对钙、磷代谢的调节如图 12-4 所示。

表 12-4　体内钙磷代谢的调节

	小肠钙吸收	小肠磷吸收	成骨作用	溶骨作用	肾钙重吸收	肾磷重吸收	血钙	血磷
甲状旁腺素	↑	↑	↓	↑↑	↑	↓	↑	↓
降钙素	↓	↓	↑↑	↓	↓	↓	↓	↓
1, 25-$(OH)_2$-D_3	↑↑	↑	↑	↑	↑	↑	↑	↑

自 测 题

一、名词解释

1. 体液　2. 结合水　3. 代谢水
4. 水的必然丢失量

二、单项选择题

1. 正常人体内，血浆占体重百分比为（　　）
　A. 5%　　B. 20%

C. 40%　　D. 60%
E. 80%

2. 维持细胞内液渗透压的主要阳离子是（　　）
A. Na^+　　B. K^+
C. Ca^{2+}　　D. Mg^{2+}
E. Fe^{2+}

3. 细胞外液最主要的主要阴离子为（　　）
A. SO_4^{2-}　　B. HPO_4^{2-}
C. HCO_3^-　　D. Br^-
E. Cl^-

4. 人体每天最低尿量为（　　）
A. 150ml　　B. 350
C. 500ml　　D. 1000ml
E. 1200ml

5. 人体每天水的必然丢失量为（　　）
A. 500ml　　B. 1000ml
C. 1200ml　　D. 1500ml
E. 2500ml

6. 既能提高神经肌肉兴奋性，又能提高心肌兴奋性的是（　　）
A. Na^+　　B. K^+
C. Ca^{2+}　　D. Mg^{2+}
E. Cl^-

7. 小儿缺钙时常出现手足抽搐是由于（　　）
A. Ca^{2+} 能降低神经肌肉兴奋性
B. Ca^{2+} 能提高神经肌肉兴奋性
C. Ca^{2+} 能降低心肌兴奋性
D. Ca^{2+} 能提高心肌兴奋性
E. 与神经肌肉应激性无关

8. 多食多排，少食少排，不食也排是下列哪种离子的代谢特点（　　）
A. Na^+　　B. K^+
C. Ca^{2+}　　D. Mg^{2+}
E. Cl^-

9. 钙和磷最主要的功能是（　　）
A. 构成骨盐　　B. 调节酸碱平衡
C. 参与辅酶构成　　D. 调节神经肌肉兴奋性
E. 调节机体渗透压

10. 下列激素中既能升高血钙，也能升高血磷的是（　　）
A. 降钙素　　B. 抗利尿激素
C. 甲状旁腺激素　　D. 1, 25-$(OH)_2$-D_3
E. 甲状腺激素

三、简答题

1. 细胞内液和细胞外液在电解质分布上有何特点？
2. 水的生理功能有哪些？水的来源与去路如何？
3. 简述无机盐的生理功能。
4. 测定血钾时为什么一定要防止溶血，静脉输钾时要注意什么？
5. 临床上为什么要“见尿补钾”？
6. 简述钙、磷的生理功能及调节钙、磷代谢的因素有哪些？它们是对血钙和血磷影响如何？

（晁相蓉）

第 13 章 酸碱平衡

体内的物质代谢是在适宜的 pH 条件下进行的。尽管人体不断生成和从外界摄取酸性或碱性物质，但正常人体液的 pH 并不发生显著变化。这是由于机体存在一系列的调节机制，使体液的 pH 维持在相对恒定的范围内，这种调节过程称为酸碱平衡。

人体液各部分的 pH 并不完全相同。正常人血浆的 pH 维持在 7.35 ～ 7.45，细胞内液、细胞间液的 pH 低于血浆。由于血液在细胞内、外液物质交换中起重要作用，所以血浆 pH 可直接反映体内酸碱平衡的状况。

第 1 节　体内酸碱性物质来源

一、酸性物质的来源

人体内酸性物质有内源性和外源性两个来源。

（一）内源性酸性物质

体内各种来源的酸，可分为挥发性酸和非挥发性酸两大类。

1. 挥发性酸——碳酸　由于碳酸可以变成气体 CO_2 从肺排出体外，所以称为挥发性酸。成人在安静状态下每天可产生 400 ～ 460L CO_2，相当于 10 ～ 20mol 的碳酸。是人体内产生最多的酸性物质。

$$CO_2 + H_2O \longleftrightarrow H_2CO_3 \longleftrightarrow H^+ + HCO_3^-$$

2. 非挥发性酸——固定酸　人体内不能变成 CO_2 呼出的酸，均称为固定酸。例如，糖酵解生成的丙酮酸和乳酸，蛋白质分解代谢产生的硫酸、磷酸，脂肪代谢产生的 β- 羟丁酸和乙酰乙酸等。正常人每日代谢产生的固定酸相当于 50 ～ 100mmol/L 的 H^+。

（二）外源性酸性物质

一方面，人体可以从饮食中可直接获得一些酸性物质，如调味品中的醋酸、酸奶中的乳酸等; 另一方面，有些食物进入体内后经代谢能产生酸性物质，称为成酸食物。如富含糖、脂肪、蛋白质的食物，进入人体氧化分解产生 CO_2 和水，两者反应生成碳酸。另外，还有少数酸性药物，在某些情况下也会成为酸性物质的来源，如止咳药物氯化铵（NH_4Cl）等。体内糖、脂、蛋白质三大能源物质分解代谢也产生酸。

二、碱性物质的来源

人体内的碱性物质也来自饮食或从体内物质代谢产生。人从食物中可直接摄入少量碱性物质，如小苏打、苏打等；也有些食物进入人体能转变成碱性物质，称为成碱食物，如蔬菜和水果。蔬菜和水果中常含有机酸盐，如柠檬酸或苹果酸的钠盐或钾盐等，其进入体内后可转变成碳酸氢盐。多数药物呈碱性。体内代谢也可产生碱性物质，如氨基酸脱氨基所产生的氨。

正常情况下，体内酸性物质的产生远多于碱性物质。所以，一般情况下，机体对酸碱平衡的调节以对酸性物质的调节为主。

第 2 节　机体对酸碱平衡的调节

机体酸碱平衡的调节主要包括血液的缓冲作用、肺的调节作用、肾的调节作用三个方面，而这三个方面的调节作用是相辅相成的。

一、血液的缓冲作用

无论是体内产生的还是从体外进入体内的酸性或碱性物质，在进入血液后，首先被血液的缓冲体系所缓冲，由较强的酸或碱转变为较弱的酸或碱，使血液 pH 不发生明显变化。

（一）血液的缓冲体系

血浆中的缓冲体系是由血液中缓冲酸（弱酸）及其盐组成缓冲对。血浆中的缓冲体系由以下几部分组成。

$$\frac{NaHCO_3}{H_2CO_3},\quad \frac{Na_2HPO_4}{NaH_2PO_4},\quad \frac{Na\text{-}Pr}{H\text{-}Pr}$$

红细胞中的缓冲体系主要包括以下成分：

$$\frac{KHCO_3}{H_2CO_3},\quad \frac{K_2HPO_4}{KH_2PO_4},\quad \frac{K\text{-}Hb}{H\text{-}Hb},\quad \frac{K\text{-}HbO_2}{H\text{-}HbO_2}$$

血浆缓冲体系中以碳酸氢盐缓冲体系最为重要，红细胞中以血红蛋白及氧合血红蛋白缓冲体系最为重要。全血中各缓冲体系占总浓度的百分比如表 13-1 所示。

表 13-1　全血中各种缓冲体系的含量和分布

缓冲体系	占全血缓冲体系总浓度的百分比（%）
HbO_2 和 Hb	5
有机磷酸盐	3
磷酸盐	2
血浆蛋白质	7
血浆碳酸氢盐	35
红细胞碳酸氢盐	18

碳酸氢盐缓冲体系之所以重要，不仅在于其含量最多、缓冲能力最强，还在于这一缓冲体系调节方便。碳酸可与血浆中的 CO_2 取得平衡而受呼吸的调节，碳酸氢根可以通过肾脏进行调节。正常人血浆 $NaHCO_3$ 的浓度约为 24mol/L，H_2CO_3 的浓度约为 1.2mmol/L，两者比值为 20/1。pK_a 是 H_2CO_3 电离常数的负对数，在 37℃时为 6.1。将以上数值代入缓冲溶液 pH

计算的享德森 - 哈塞巴（Henderson—Hasselbalch）方程式：

$$pH=pK_a + \lg \frac{[NaHCO_3]}{[H_2CO_3]}$$

则血液 pH = 6.1+ lg 24/1.2 = 6.1+lg 20/1 = 6.1+1.3 = 7.4

由此可见，只要血浆中 $[NaHCO_3]/[H_2CO_3]$ 保持在 20/1，血浆 pH 就能维持在 7.4，即血浆的 pH 取决于缓冲体系中两种成分的比值，而不是它们的绝对浓度。

（二）血液缓冲体系的缓冲作用

1. 对固定酸的缓冲　当固定酸（HA）进入血液时，血液缓冲体系中的缓冲碱与其反应，起主要作用的是血浆中的 $NaHCO_3$，使酸性较强的固定酸转变为 H_2CO_3。后者随血液流经肺时分解为 H_2O 和 CO_2，CO_2 由肺呼出体外。

$$\underset{\text{（固定酸）}}{HA} + NaHCO_3 \longrightarrow \underset{\text{（固定酸钠）}}{NaA} + H_2CO_3$$
$$H_2CO_3 \longrightarrow H_2O + CO_2\uparrow$$

血浆中的 $NaHCO_3$ 主要用来缓冲固定酸，在一定程度上可以代表血浆对固定酸的缓冲能力，被称为碱储。

2. 对挥发酸的缓冲　如图 13-1 所示，对挥发酸的缓冲是和血红蛋白质运氧过程相偶联的。

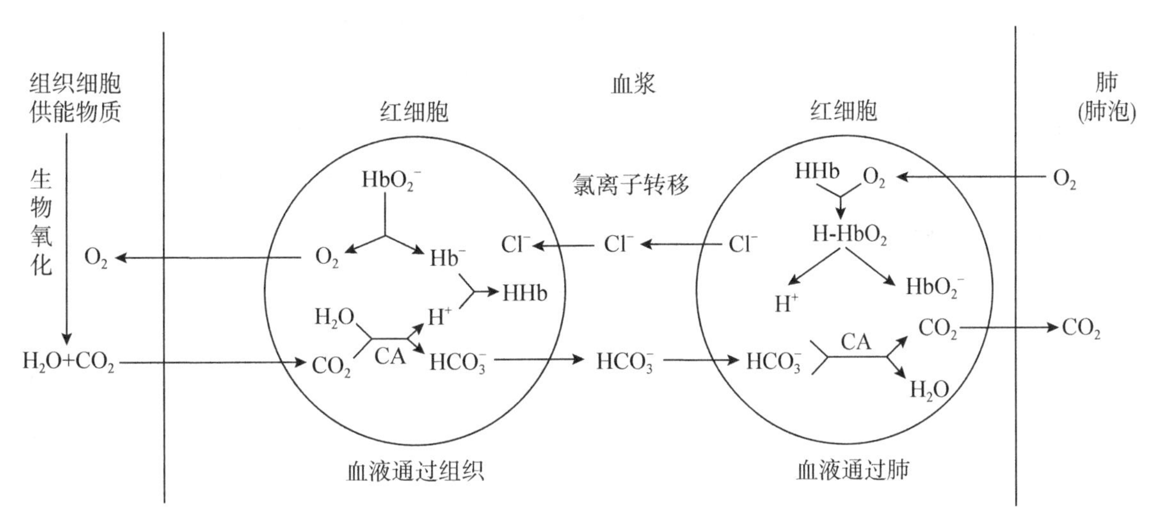

图 13-1　血红蛋白质组缓冲体系的缓冲作用

（1）当血液流经组织细胞时，物质分解代谢产生的 CO_2，可不断扩散至血浆和红细胞。红细胞内含有丰富的碳酸酐酶，大量 CO_2 进入后与 H_2O 迅速反应生成 H_2CO_3，反应如下所示：

$$CO_2 + H_2O \longrightarrow H_2CO_3\text{（快而多）}$$
$$K\text{-}HbO_2 \longrightarrow K\text{-}Hb + O_2$$
$$H_2CO_3 + K\text{-}Hb \longrightarrow KHCO_3\text{（多）} + H\text{-}Hb$$
$$KHCO_3 \longrightarrow K^+ + HCO_3^-\text{（多）}$$

以上反应，使红细胞内生成较多 HCO_3^-，其浓度高于血浆，于是红细胞内的 HCO_3^- 向血浆扩散；作为交换，血浆中等量的 Cl^- 向红细胞内转移，以保持正、负电荷的平衡，此过程称为氯离子转移。

（2）当血液流经肺时，由于 O_2 分压高，在红细胞内，H-Hb 与 O_2 结合生成 H-HbO_2，反应过程如下：

$$\text{H-Hb} + O_2 \longrightarrow \text{H-HbO}_2$$

$$\text{H-HbO}_2 + \text{KHCO}_3 \longrightarrow \text{K-HbO}_2 + H_2CO_3$$

$$H_2CO_3 \longrightarrow H_2O + CO_2$$

上述过程产生的 CO_2 不断地由肺呼出。此时红细胞内 HCO_3^- 浓度降低，血浆中 HCO_3^- 向红细胞扩散，而 Cl^- 又自红细胞换回血浆。

通过以上过程，物质代谢产生的挥发酸 H_2CO_3 最终大多转变为 CO_2 从肺呼出。

3. 对碱的缓冲　当碱性物质进入血液时，缓冲体系中的缓冲酸可与其反应，使强碱转变成弱碱。起主要缓冲作用的是 H_2CO_3。

$$OH^- + H_2CO_3 \longrightarrow HCO_3^- + H_2O$$

血液缓冲体系的作用快，有一定的局限性。对酸性物质缓冲后，血浆中 HCO_3^- 浓度下降，同时伴有 H_2CO_3 的增多，可致血液 pH 降低；对碱性物质缓冲后则使血中 HCO_3^- 浓度升高，H_2CO_3 浓度下降，可致血液 pH 升高。

二、肺的调节作用

肺对酸碱平衡的调节主要是通过改变呼吸运动的频率和深度，从而调节 CO_2 排出量，来控制血液中 H_2CO_3 的浓度，以维持酸碱平衡。当血中 CO_2 分压升高、pH 降低时，呼吸中枢兴奋，呼吸加深加快，CO_2 排出增多，血中 H_2CO_3 浓度降低。反之，当血中 CO_2 分压降低、pH 升高时，呼吸变浅变慢，CO_2 排出减少，血中 H_2CO_3 浓度升高。通过肺的调节，血浆中 $[NaHCO_3]/[H_2CO_3]$ 保持在 20/1，使血液 pH 稳定正常范围内。

三、肾的调节作用

肾是调节机体酸碱平衡最主要的器官，肾通过排出过多的酸或碱来调节血液中 HCO_3^- 含量，使血液中 $[HCO_3^-]/[H_2CO_3]$ 恒定，以维持血液 pH 在正常范围内。当血液中 HCO_3^- 含量过高时，肾即通过减少 HCO_3^- 的重吸收，增加对 HCO_3^- 的排泄。当酸的生成与摄入过多时，肾即通过排酸重吸收 HCO_3^- 以维持酸碱平衡。肾对酸碱平衡的调节有以下三种方式。

（一）HCO_3^- 的重吸收

肾小球滤过的原尿 pH 为 7.4，$[HCO_3^-]/[H_2CO_3] = 20/1$，但终尿的 pH 为 5 ～ 6，甚至更低，$NaHCO_3$ 几乎消失，说明肾小管有对 $NaHCO_3$ 重吸收的能力。肾小管主要是近曲小管及远曲小管细胞内含有碳酸酐酶，可催化 CO_2 和 H_2O 迅速反应生成 H_2CO_3，H_2CO_3 解离出 H^+ 和 HCO_3^-，H^+ 由肾小管细胞分泌到肾小管管腔中，与 $NaHCO_3$ 中的 Na^+ 进行 H^+-Na^+ 离子交换，进入肾小管细胞的 Na^+ 与 HCO_3^- 反应形成 $NaHCO_3$ 被转运进血液，而分泌到管腔中的 H^+ 与肾小管液中的 HCO_3^- 反应生成 H_2CO_3，由于近曲小管刷状缘也存在碳酸酐酶，故能迅速地催化 H_2CO_3 分解为 CO_2 和 H_2O。CO_2 可弥散进入肾小管细胞内，被重新利用合成 H_2CO_3，H_2O 则随尿排出，见图 13-2。

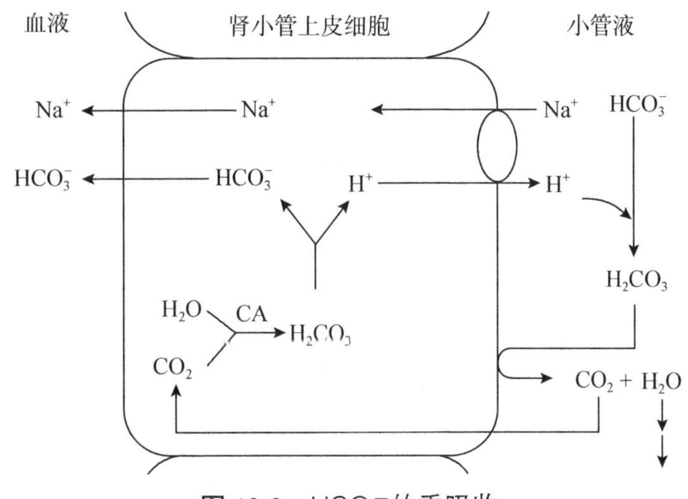

图 13-2　HCO_3^-的重吸收

（二）尿液的酸化

正常人血浆中 $[Na_2HPO_4]/[NaH_2PO_4]$ 为 4/1，原尿中这两种磷酸盐的浓度比值与血浆中的相类似。当原尿流经肾远曲小管时，肾小管细胞分泌出的 H^+ 与原尿中 Na_2HPO_4 中的 Na^+ 进行交换，Na_2HPO_4 转变成 NaH_2PO_4，随尿排出。被重吸收的 Na^+ 则与肾小管细胞内的 HCO_3^- 一起转运入血液。由于管腔液中 Na_2HPO_4 转变成 NaH_2PO_4，故尿液酸化。当尿液的 pH 从 Ph7.4 降至 4.8 时，$[Na_2HPO_4]/[NaH_2PO_4]$ 值由原来的 4/1 下降至 1/99。

前已述及，血液在缓冲固定酸时要消耗 HCO_3^-，

$$H^+ + HCO_3^- \longrightarrow H_2CO_3$$

而在肾小管细胞中发生的正是上述的逆反应：

$$H_2CO_3 \longrightarrow H^+ + HCO_3^-$$

消耗于缓冲固定酸的 HCO_3^- 又重新在肾小管细胞中生成并回到血液中，而 H^+ 则被肾小管细胞分泌入小管液中，这就使得血液中的缓冲碱不至于被耗竭，总的结果是肾脏进行了有效的排酸保碱，见图 13-3。

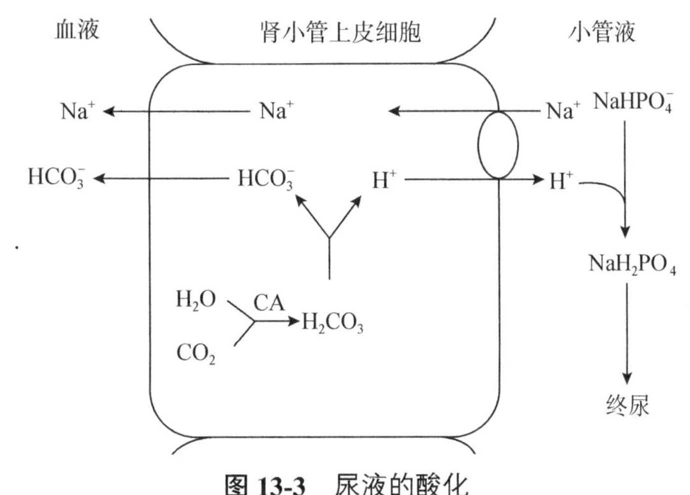

图 13-3　尿液的酸化

（三）NH_3 的分泌

肾小管细胞具有分泌 NH_3 的功能，其中 NH_3 小部分来自血液，量比较恒定；大部分来自肾远曲小管细胞中谷氨酰胺经谷氨酰胺酶水解和氨基酸的分解，量可有很大的变动，对固

定酸的排出起调节作用。

$$\underset{\text{谷氨酰胺}}{\begin{array}{l} CONH_2 \\ | \\ CH_2 \\ | \\ CH_2 \\ | \\ CHNH_2 \\ | \\ COOH \end{array}} + H_2O \xrightarrow{\text{谷氨酰胺酶}} \underset{\text{谷氨酸}}{\begin{array}{l} COOH \\ | \\ CH_2 \\ | \\ CH_2 \\ | \\ CHNH_2 \\ | \\ COOH \end{array}} + NH_3$$

肾远曲小管细胞中谷氨酰胺酶的活性，与体液的 pH 密切相关。当体液 pH 下降时，可诱导细胞中谷氨酰胺酶的合成，随着其活性升高可促进谷氨酰胺水解释放出大量 NH_3，并且肾小管细胞泌 NH_3 作用加强。肾小管细胞每分泌一个 NH_3 的同时分泌一个 H^+，并吸收一个 Na^+，分泌到小管液中的 NH_3 和 H^+ 作用形成 NH_4^+，NH_4^+ 与酸根离子结合生成铵盐从尿中排出，见图 13-4。

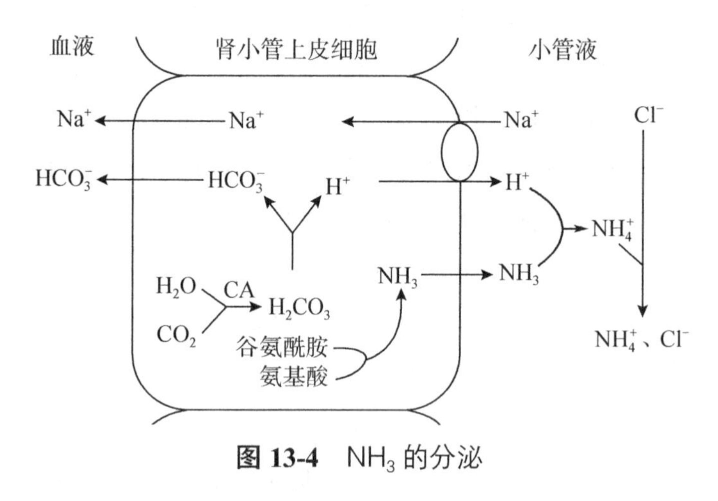

图 13-4 NH_3 的分泌

总之，肾对酸碱平衡的调节是通过肾小管细胞的活动来实现的。肾小管细胞中的碳酸酐酶高效率地催化细胞内的 CO_2 和 H_2O 反应形成 H_2CO_3，由 H_2CO_3 解离出的 HCO_3^- 被重吸收回到血液中，而 H^+ 则通过 H^+-Na^+ 交换分泌到肾小管液中。在肾近曲小管，小管细胞分泌的 H^+ 被 HCO_3^- 结合，使肾小球滤过液中的 HCO_3^- 几乎全部重吸收入血液，没有 H^+ 的排出，此时小管液的 pH 改变不大；当小管液流经肾远曲小管和集合管时，肾小管细胞分泌的 H^+ 先被弱酸根离子（主要是 HPO_4^{2-}）结合，使尿液的 pH 下降，尿液酸化，随着尿液 pH 的降低，肾远曲小管和集合管分泌的 NH_3 和 H^+ 结合成 NH_4^+ 而排出，同时也促进了小管细胞的泌 H^+。尿液的酸化和 NH_4^+ 的排出在机体酸碱平衡调节中极为重要，它使机体排酸保碱的酸碱平衡调节达到了相当完美有效的程度。

链接

高低血钾与酸碱中毒之间的关系

酸中毒时，细胞外的 H^+ 与细胞内的 K^+ 交换，同时肾小管上皮细胞泌 H^+ 作用加强，泌 K^+ 作用减弱，引起高血钾；碱中毒时，细胞内的 H^+ 与细胞外的 K^+ 交换，同时肾小管上皮细胞泌 H^+ 作用减弱泌 K^+ 作用加强，引起低血钾。

综上所述，机体对酸碱平衡的调节，血液缓冲体系的缓冲作用是第一道防线，当酸性物质或碱性物质进入血液，血液中的缓冲体系，特别是最重要的缓冲体系 $NaHCO_3/H_2CO_3$ 便与之起反应，酸或碱受到中和，与此同时也改变了 $NaHCO_3$ 和 H_2CO_3 的含量和比值。机体可通过肺的呼吸来调整缓冲体系中 H_2CO_3 的含量，通过肾的 H^+-Na^+ 离子交换等方式调节 $NaHCO_3$ 的含量，协调 $NaHCO_3$ 与 H_2CO_3 的浓度比值在正常范围内，维持血液 pH 恒定在 7.35 ～ 7.45 正常范围内。因此，血液的作用最快，肺的作用也较迅速，而肾的作用较慢但持久。血液、肺和肾三大酸碱平衡调节系统是各有分工、密切配合的。

第 3 节 酸碱平衡失常

案例 13-1

某冠心病继发心力衰竭患者，服用地高辛及利尿药数月。血气分析和电解质测定显示：pH7.59，PCO_2 30mmHg（3.99kPa），HCO_3^- 28mmol/L。

问题：1. 试判断该患者是否存在酸碱平衡失常的情况？

2. 若存在，试分析可能的类型。

尽管机体对酸碱平衡有一系列完整的调节机制，但当体内酸性或碱性物质过多或不足，超过机体的调节能力；或肺、肾的疾病使其调节酸碱平衡功能发生障碍；以及电解质代谢紊乱，如高钾血症或低钾血症，都可导致酸碱平衡紊乱。

酸碱平衡过程主要反映在血浆缓冲体系 $NaHCO_3$ 和 H_2CO_3 的含量或比值变化上。当其含量发生改变时，由于人体代偿能力的发挥，$NaHCO_3/H_2CO_3$ 的值仍维持在 20/1 左右，此时血液 pH 保持不变，这种情况称为代偿性酸中毒或代谢性碱中毒。如果经肺、肾的调节仍不能使两者比值恢复到 20/1，血 pH 也相应地会发生改变，血液 pH 高于 7.45 称为失代偿性碱中毒，血液 pH 降至 7.35 以下则称为失代偿性酸中毒。

酸碱平衡紊乱可分为呼吸性和代谢性两大类。呼吸性酸碱平衡紊乱时，碳酸氢盐缓冲对中首先发生改变的是 H_2CO_3；代谢性酸碱平衡紊乱时，首先发生改变的是 $NaHCO_3$。

一、酸碱平衡失常的基本类型

（一）呼吸性酸中毒

呼吸性酸中毒是由于肺部疾病（如肺炎、肺气肿、呼吸肌麻痹或呼吸中枢受抑制等）引起呼吸功能障碍，CO_2 呼出减少，致使血浆中 H_2CO_3 原发性升高而引起。此时主要依靠肾的排酸保碱作用进行代偿。肾小管上皮细胞加强泌 H^+ 和重吸收 $NaHCO_3$ 的作用，使血浆中 $NaHCO_3$ 继发性升高。通过肾的这种代偿作用可暂时地维持血浆 $NaHCO_3$ /H_2CO_3 的值保持在 20/1，血液 pH 保持在正常范围，称为代偿性呼吸性酸中毒。当血浆 H_2CO_3 浓度持续升高，超过肾的代偿能力时，则 $NaHCO_3/H_2CO_3$ 的值下降，血浆 pH 也随之下降，即出现失代偿性呼吸性酸中毒。

（二）呼吸性碱中毒

呼吸性碱中毒是由于肺部换气过度，CO_2 排出过多，血浆 H_2CO_3 浓度原发性降低所引起。临床上很少见，常发生于癔症或颅脑损伤过度的患者，也可见于高山缺氧、妊娠等情况。一般通过肾脏加强 $NaHCO_3$ 与 K^+ 的排泄进行代偿。根据血浆中 $NaHCO_3$ /H_2CO_3 的值是否正常来判断是代偿性还是失代偿性呼吸性碱中毒。

（三）代谢性酸中毒

代谢性酸中毒是临床上最常见的一种酸碱平衡失常。其产生原因包括体内固定酸产生过多，如糖尿病患者产生过多的酮体；肾脏疾病使固定酸的排泄减少；或因腹泻丢失大量的碱性物质如 $NaHCO_3$。代谢性酸中毒的特点是血浆中 $NaHCO_3$ 浓度原发性下降。此时血中 H^+ 浓度升高，刺激呼吸中枢，呼吸加深加快，CO_2 排出增多，使血浆 H_2CO_3 浓度下降；同时肾的泌 H^+、泌氨作用加强，促进了 $NaHCO_3$ 的重吸收和固定酸的排出。根据血浆中 $NaHCO_3$ / H_2CO_3 的值是否正常，可分为代偿性和失代偿性代谢性酸中毒。

（四）代谢性碱中毒

各种原因导致血浆 $NaHCO_3$ 浓度原发性升高的状态称为代谢性碱中毒。常见于幽门梗阻或大量呕吐等引起胃液大量丢失；或服用过多的碱性药物及低钾血症等情况。

由于血浆中 $NaHCO_3$ 浓度升高，H^+ 浓度降低，抑制呼吸中枢，呼吸变浅变慢，CO_2 呼出减少，使血浆 H_2CO_3 浓度升高。同时肾泌 H^+ 作用减弱，$NaHCO_3$ 随尿排出量增加。依据血浆 $NaHCO_3$ /H_2CO_3 的值是否正常来判断是代偿性或失代偿性代谢性碱中毒。

二、判断酸碱平衡的生物化学指标

临床上为了全面、准确地判断酸碱平衡情况，可以测定血液的 pH、代谢性成分和呼吸性成分三方面的指标。反映呼吸性成分的指标是血液的二氧化碳分压，反映代谢性成分的指标有 $[HCO_3^-]$ 等。

（一）血液 pH

正常人动脉血 pH 为 7.35 ～ 7.45。若测得血 pH 低于 7.35 则为失代偿性酸中毒，高于 7.45 则为失代偿性碱中毒。但血 pH 不能区分酸碱平衡失常是属于代谢性还是呼吸性。由于机体具有代偿调节机制，即使血 pH 在正常范围内也不能完全排除酸碱平衡紊乱的存在。

（二）二氧化碳分压（PCO_2）

二氧化碳分压是指物理溶解于血浆中的 CO_2 所产生的张力。正常动脉血 PCO_2 值为 4.5 ～ 6.0kPa，平均为 5.3kPa（35 ～ 45mmHg，平均为 40mmHg），是反映呼吸性成分的指标。动脉血 PCO_2 大于 6.0kPa，提示肺通气不足，体内有 CO_2 蓄积，为呼吸性酸中毒；小于 4.5kPa，提示肺通气过度，CO_2 排出过多，为呼吸性碱中毒。

（三）二氧化碳结合力（CO_2CP）

血浆中二氧化碳结合力是指血浆 $NaHCO_3$ 中 CO_2 的含量。因血浆中的 CO_2 主要以 $NaHCO_3$ 形式存在，故测定血浆 CO_2CP 可表示血浆 $NaHCO_3$ 的含量。血浆 CO_2CP 的正常范围是 23 ～ 31mmol/L，平均为 27mmol/L。

在代谢性酸中毒和碱中毒时，血浆 CO_2CP 可分别低于和高于正常。在呼吸性酸中毒和碱中毒时，由于肾的代偿作用继发地引起血液中 HCO_3^- 浓度的变化而使血浆 CO_2CP 高于和低于正常。

（四）实际碳酸氢盐浓度（AB）和标准碳酸氢盐浓度（SB）

实际碳酸氢盐浓度（AB）是指与空气隔绝的血液，37℃时测得的血浆中 HCO_3^- 的真实含量。AB 的正常范围为（24±2）mmol/L，平均为 24mmol/L。AB 反映血中代谢性成分的含量，但也受呼吸性成分的影响。

标准碳酸氢盐浓度（SB）是指全血在标准条件下（Hb 的氧饱和度为 100%，温度 37℃，PCO_2 为 5.3kPa）测得血浆中 HCO_3^- 的含量。由于 PCO_2 已调到标准状况下，故 SB 不受呼吸性成分的影响，是代谢性成分的指标。其正常值与 AB 正常值相同。

正常情况下，AB=SB。如果 AB ＞ SB，则表明 PCO_2 ＞ 5.3kPa，表示 CO_2 有蓄积，为呼吸性酸中毒；反之，如果 AB ＜ SB，表明 PCO_2 ＜ 5.3kPa，表示 CO_2 呼出过多，为呼吸性碱中毒。如果 AB=SB，且低于正常值，表示是代谢性酸中毒；如果 AB=SB，且高于正常值，则为代谢性碱中毒。

自 测 题

一、名词解释

1. 酸碱平衡　2. 挥发酸　3. 固定酸　4. 成碱食物
5. 成酸食物

二、单项选择题

1. 血液中对固定酸的缓冲主要依赖（　　）
   A. $NaHCO_3$　B. H_2CO_3
   C. 血红蛋白体系　D. 血浆蛋白体系
   E. 细胞色素体系
2. 体内主要用来缓冲碱的是（　　）
   A. $NaHCO_3$　B. H_2CO_3
   C. 血红蛋白体系　D. 血浆蛋白体系
   E. 细胞色素体系
3. 下列哪种是挥发酸（　　）
   A. 乳酸　B. 丙酮酸
   C. 碳酸　D. β- 羟丁酸
   E. 柠檬酸
4. 正常人 $NaHCO_3$ / H_2CO_3 的值为（　　）
   A. 1 ∶ 20　B. 20 ∶ 1
   C. 1 ∶ 8　D. 1 ∶ 12
   E. 12 ∶ 1
5. 肺对酸碱平衡的调节主要体现在（　　）
   A. 对固定酸的缓冲
   B. 通过对二氧化碳呼出的调节
   C. 通过排出过多酸碱物质的调节
   D. 对碱的缓冲
   E. 通过对氧气呼出的调节
6. 下列属于成碱食物的是（　　）
   A. 香蕉　B. 米饭
   C. 香肠　D. 鱼
   E. 牛肉
7. 下列哪种消化液的丢失会导致碱中毒（　　）
   A. 胃液　B. 肠液
   C. 胰液　D. 胆汁
   E. 唾液
8. 最易导致代谢性酸中毒的是（　　）
   A. 严重肺气肿　B. 高热时呼吸急促

C. 严重糖尿病　D. 严重呕吐

E. 腹泻

9. 血浆中 H_2CO_3 浓度原发性增高，$NaHCO_3$ 浓度继发性增高，见于哪种情况（　　）

A. 呼吸性酸中毒　B. 代谢性酸中毒

C. 呼吸性碱中毒　D. 代谢性碱中毒

E. 混合式酸碱中毒

三、简答题

1. 体内酸碱物质的来源有哪些？
2. 血液中的缓冲体系有哪些，最重要的缓冲体系是什么？
3. 说出肺在酸碱平衡调节中的作用。
4. 肾脏对酸碱平衡的调节主要有哪几方面？
5. 体内酸碱平衡失调的类型有哪些？

（晁相蓉）

实　　验

实验一　蛋白质的两性电离和等电点

【实验目的】

1. 验证蛋白质两性电离的性质。

2. 测定蛋白质的等电点。

【实验原理】

1. 蛋白质是两性电解质，在溶液中的解离情况取决于溶液的 pH。

2. 当 pH= pI 时，蛋白质所带正负电荷相等，以兼性离子存在，最易沉淀；利用此特点可测定蛋白质的等电点。

3. 当 pH ＜ pI 时，蛋白质以阳离子存在，当 pH ＞ pI 时，蛋白质以阴离子存在；以上两种情况蛋白质因带同性电荷而相互排斥，不易沉淀。

【实验试剂】

1. 0.5% 酪蛋白乙酸钠溶液　称取酪蛋白 0.5g，加蒸馏水 40ml 及 1.0mol/L 的 NaOH 溶液 10ml 使酪蛋白完全溶解，然后加入 1.0mol/L 乙酸溶液 10ml，移入 100ml 容量瓶用蒸馏水定容。

2. 溴甲酚绿指示剂。

3. 0.2mol/L 盐酸溶液。

4. 0.2mol/L NaOH 溶液。

5. pH=3.5 乙酸溶液　1.0mol/L 乙酸溶液与蒸馏水 2 ∶ 3 配制。

6. pH=4.1 乙酸溶液　即 1.0mol/L 乙酸溶液。

7. pH=4.7 乙酸溶液　0.1mol/L 乙酸溶液与蒸馏水 1 ∶ 7 配制。

8. pH=5.3 乙酸溶液　0.01mol/L 乙酸溶液与蒸馏水 5 ∶ 3 配制。

9. pH=5.9 乙酸溶液　0.01mol/L 乙酸溶液与蒸馏水 31 ∶ 169 配制。

【实验器材】

试管、试管架、滴管、记号笔。

【实验操作】

1. 蛋白质的两性游离

（1）取一支试管，加 0.5% 酪蛋白乙酸钠溶液 20 滴和溴甲酚绿指示剂 5 ～ 7 滴，混匀。观察溶液呈现的颜色并说明原因。

（2）用滴管缓慢加入 0.2mol/L 盐酸溶液，随滴随摇，会有明显的大量沉淀产生，解释原因；继续滴加 0.2mol/L 盐酸溶液，沉淀又会溶解，解释原因。记录颜色变化过程。

（3）继续用滴管缓慢加入 0.2mol/LNaOH 溶液，随滴随摇，会有明显的大量沉淀产生，解释原因；继续滴加 0.2mol/LNaOH 溶液，沉淀又会溶解，解释原因。记录颜色变化过程。

2. 酪蛋白等电点的测定

（1）取 5 支试管，编号后按下表顺序准确加入各种试剂，然后混合均匀。

（2）静置 20 分钟，观察每支试管的混浊度，以 –、+、++、+++ 表示沉淀的多少，根据观察结果，指出酪蛋白的等电点。

	1	2	3	4	5
酪蛋白乙酸钠溶液	10 滴	10 滴	10 滴	10 滴	10 滴
pH=3.5 乙酸溶液	40 滴	—	—	—	
pH=4.1 乙酸溶液	—	40 滴	—	—	—
pH=4.7 乙酸溶液	—	—	40 滴	—	—
pH=5.3 乙酸溶液	—	—	—	40 滴	—
pH=5.9 乙酸溶液	—	—	—	—	40 滴
沉淀情况					

【注意事项】

实验过程中应严格避免试剂交叉污染，影响实验结果。先加酪蛋白，再加缓冲液。

【思考题】

在 pH= pI 的溶液中，蛋白质必然沉淀，这种结论对吗？为什么？

（晁相蓉）

实验二　酶的专一性

【实验目的】

验证酶的专一性。

【实验原理】

1. 酶对底物的选择性称为酶的专一性。淀粉酶只能催化淀粉水解，不能催化蔗糖水解。

2. 淀粉酶催化淀粉水解生成的具有还原性的麦芽糖，可与班氏试剂反应生成砖红色的氧化亚铜沉淀；蔗糖本身不具有还原性，不与班氏试剂发生颜色反应。

【实验试剂】

1. 1% 淀粉溶液。

2. 1% 蔗糖溶液。

3. pH6.8 的缓冲溶液　0.2mol/LNa_2HPO_3 溶液 772ml 与 0.1mol/L 柠檬酸溶液 228ml 混合即可。

4. 班氏试剂　取结晶硫酸铜（$CuSO_4 \cdot 5H_2O$）17.3g，溶于 100ml 热水中，冷却后稀

释到150ml，取柠檬酸钠173g，无水碳酸钠100g和600ml水共热，溶后冷却并加水至850ml，再将冷却的150ml硫酸铜倾入即可。

【实验器材】

试管、试管架、滴管、记号笔、一次性纸杯，沸水浴装置，37℃水浴装置。

【实验操作】

1. 制备稀释唾液：漱口后含约20ml蒸馏水做咀嚼运动，5分钟后吐入纸杯中备用。

2. 取2支试管，按下表操作，观察记录结果并分析原因。

	试管1	试管2
pH6.8的缓冲溶液	20滴	20滴
1%淀粉溶液	10滴	—
1%蔗糖溶液	—	10滴
稀释唾液	5滴	5滴
	混匀，37℃水浴10分钟	
班氏试剂	15滴	15滴
	混匀，沸水浴10分钟	
现象		

【注意事项】

用于本实验的蔗糖应为分析纯试剂。

【思考题】

若将稀释唾液煮沸后再进行上述实验，结果会怎样？

（晁相蓉）

实验三　温度、pH对酶活性的影响

【实验目的】

观察温度、pH对酶活性的影响。

【实验原理】

1. 酶活性受温度、pH的影响。

2. 淀粉酶可催化淀粉逐步水解生成分子大小不同的糊精及麦芽糖，淀粉及其水解产物遇碘呈现不同的颜色。

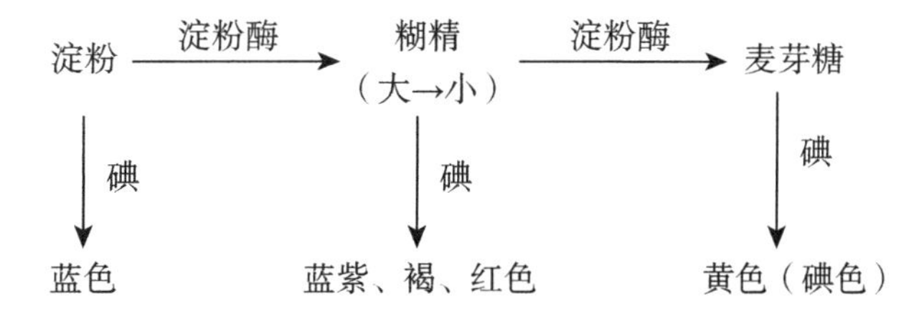

3. 根据颜色可以判断淀粉被水解的程度，从而判断温度、pH 对酶活性的影响。

【实验试剂】

1. 1% 淀粉溶液。

2. 稀碘溶液　碘 2g，碘化钾 3g，溶于 500ml 蒸馏水中。

3. pH5.0 的缓冲溶液　0.2mol/LNa_2HPO_3 溶液 205ml 与 0.1mol/L 柠檬酸溶液 795ml 混合即可。

4. pH6.8 的缓冲溶液　0.2mol/LNa_2HPO_3 溶液 772ml 与 0.1mol/L 柠檬酸溶液 228ml 混合即可。

5. pH8.0 的缓冲溶液　0.2mol/LNa_2HPO_3 溶液 972ml 与 0.1mol/L 柠檬酸溶液 28ml 混合即可。

【实验器材】

试管、试管架、滴管、记号笔、一次性纸杯，沸水浴装置，37℃水浴装置、0℃水浴装置。

【实验操作】

1. 制备稀释唾液：漱口后含约 20ml 蒸馏水做咀嚼运动，2 分钟后吐入纸杯中备用。

2. 温度对酶活性的影响：取 3 支试管，按下表操作，观察记录颜色并分析原因。

	试管 1	试管 2	试管 3
pH6.8 的缓冲溶液	20 滴	20 滴	20 滴
1% 淀粉溶液	10 滴	10 滴	10 滴
	0℃ 5 分钟	37℃ 5 分钟	100℃ 5 分钟
稀释唾液	5 滴	5 滴	5 滴
	混匀 0℃ 10 分钟	混匀 37℃ 10 分钟	混匀 100℃ 10 分钟
稀碘溶液	3 滴	3 滴	3 滴
颜色			

3. pH 对酶活性的影响：取 3 支试管，按下表操作，观察记录颜色并分析原因。

	试管 1	试管 2	试管 3
pH5.0 的缓冲溶液	20 滴	—	—
pH6.8 的缓冲溶液	—	20 滴	—
pH8.0 的缓冲溶液	—	—	20 滴
1% 淀粉溶液	10 滴	10 滴	10 滴
稀释唾液	5 滴	5 滴	5 滴
	混匀，37℃水浴 10 分钟		
稀碘溶液	3 滴	3 滴	3 滴
颜色			

【注意事项】

加入稀释唾液后应充分混匀。

【思考题】

测定人体内某些酶活性时，反应体系中温度、pH 应如何设定？为什么？

（晁相蓉）

实验四　不同组织中 ALT 活性比较

【实验目的】

通过肝脏与肌肉组织进行比较，验证 ALT 在不同组织中的活性大小不同。

【实验原理】

丙氨酸和 α- 酮戊二酸经血清中丙氨酸氨基转移酶（ALT）催化，生成丙酮酸和谷氨酸。丙酮酸与 2, 4- 二硝基苯肼作用，生成丙酮酸 -2, 4- 二硝基苯腙，在碱性条件下呈红棕色，颜色深浅与酶活性成正比。

$$\text{丙氨酸} + \alpha\text{-酮戊二酸} \xrightleftharpoons{\text{ALT}} \text{丙酮酸} + \text{谷氨酸}$$

$$\text{丙酮酸} + 2,4\text{-二硝基苯肼} \xrightleftharpoons{-H_2O} \text{丙酮酸-}2,4\text{-二硝基苯腙}$$

【实验器材】

试管、试管架、试管夹、滴管、记号笔、恒温水浴箱等。

【实验试剂】

1. 0.1mol/L 磷酸盐缓冲液（pH=7.4）　称取磷酸氢二钠（Na_2HPO_4）11.928g，磷酸二氢钾（KH_2PO_4）2.176g，加蒸馏水溶解并稀释至 100ml。

2. ALT 基质液　称取丙氨酸 1.79g 和 α- 酮戊二酸 29.2mg 于烧杯中，加 0.1mol/L 磷酸盐缓冲液（pH=7.4）80ml，煮沸溶解后冷却。用 1mol/L NaOH 溶液调节 pH 至 7.4（约加 0.5ml），再用 0.1mol/L 磷酸盐缓冲液（pH=7.4）稀释至 100ml，混匀加氯仿数滴，置冰箱保存。

3. 2, 4- 二硝基苯肼溶液　称取 20mg 2, 4- 二硝基苯肼，于 100ml1mol/L 盐酸中溶解后，转移到棕色瓶内，置冰箱保存。

4. 0.4mol/LNaOH 溶液　将 16gNaOH 溶于蒸馏水中，稀释至 1000ml。

【实验步骤】

1. 肝浸液和肌浸液的制备　将家兔处死后，立即取出肝和肌肉，分别以冰生理盐水洗去血液，用滤纸吸去多余生理盐水。取新鲜肝和肌肉组织各 10g，分别剪碎，加 pH7.4 磷酸盐缓冲液 10ml，加细砂研碎，研成匀浆后再加 pH7.4 磷酸盐缓冲液 20ml 混匀，用棉花过滤，即得肝浸液和肌浸液。

2. 取两支试管，编号，按下表操作。

试剂	1号管	2号管
ALT 基质液	1ml	1ml
肝浸液	3 滴	—
肌浸液	—	3 滴
混匀，放置于 37℃恒温水浴箱中保温 20 分钟		
2, 4- 二硝基苯肼溶液	10 滴	10 滴
混匀，放置于 37℃恒温水浴箱中保温 20 分钟		
0.4mol/LNaOH 溶液	5ml	5ml

【思考题】

1. 比较两管颜色，说明哪种组织氨基转移酶活性高？
2. 说明氨基转移酶活性测定的临床意义。

（柳晓燕）

参考文献

晁相蓉，2020. 生物化学 . 3 版 . 北京：科学出版社
晁相蓉，余少培，赵佳，2017. 生物化学 . 北京：中国科学技术出版社
高国全，2017. 生物化学 . 4 版 . 北京：人民卫生出版社
何旭辉，陈志超，2019. 生物化学 . 2 版 . 北京：人民卫生出版社
李秀敏，2016. 生物化学 . 2 版 . 北京：科学出版社
林果为，王吉耀，葛均波，2017. 实用内科学 . 15 版 . 北京：人民卫生出版社
钱晖，侯筱宇，2017. 生物化学与分子生物学 . 4 版 . 北京：科学出版社
施红，2015. 生物化学 . 9 版 . 北京：中国中医药出版社
孙秀发，凌文华，2016. 临床营养学 . 3 版 . 北京：科学出版社
王卫平，孙锟，常立文，2017. 儿科学 . 9 版 . 北京：人民卫生出版社
张学军，郑捷，2018. 皮肤性病学 . 9 版 . 北京：人民卫生出版社
赵勋蘼，王懿，莫小卫，2016. 生物化学基础 . 北京：科学出版社
周春燕，药立波，2018. 生物化学与分子生物学 . 9 版 . 北京：人民卫生出版社

自测题选择题参考答案

第 1 章

1. C　2. B　3. D　4. B　5. D　6. D　7. D　8. E

第 2 章

1. D　2. A　3. C　4. D　5. C　6. C　7. A　8. A　9. C　10. E

第 3 章

1. A　2. E　3. D　4. E　5. B　6. C　7. D　8. E　9. D　10. B　11. A　12. E　13. B

第 4 章

1. E　2. B　3. E　4. B　5. D　6. A　7. C　8. A　9. D　10. B　11. A　12. A

第 5 章

1. C　2. A　3. C　4. B　5. E　6. D　7. B　8. A

第 6 章

1. D　2. B　3. E　4. D　5. E　6. A　7. C　8. B　9. B　10. A　11. D　12. C　13. A　14. B　15. D

第 7 章

1. A　2. C　3. A　4. B　5. D　6. C　7. A　8. D　9. E

第 8 章

1. C　2. D　3. B　4. D　5. A　6. B　7. D　8. B　9. A　10. E　11. C　12. D

第 9 章

1. A　2. E　3. A　4. C　5. D　6. C　7. B

第 10 章

1. D　2. B　3. C　4. A　5. D　6. D　7. C　8. D

第 11 章

1. B　2. B　3. C　4. D　5. C　6. C

第 12 章

1. A　2. B　3. E　4. C　5. D　6. A　7. A　8. B　9. A　10. D

第 13 章

1. A　2. B　3. C　4. B　5. B　6. A　7. A　8. C　9. A